青少年心理自助文库
气质丛书

淡 定

动如流水静如玉

郭桂云/著

充分燃烧你的小宇宙，摆脱内心束缚，
释放全部的潜能，
做最淡定、最和平、最从容的自己

中国出版集团　现代出版社

图书在版编目(CIP)数据

淡定:动如流水静如玉／郭桂云著. —北京：现代出版社,2013.11
(青少年心理自助文库)

ISBN 978-7-5143-1847-0

Ⅰ. ①淡… Ⅱ. ①郭… Ⅲ. ①人生哲学－青年读物
②人生哲学－少年读物 Ⅳ. ①B821-49

中国版本图书馆 CIP 数据核字(2013)第 273786 号

作　　者	郭桂云
责任编辑	肖云峰
出版发行	现代出版社
通讯地址	北京市安定门外安华里 504 号
邮政编码	100011
电　　话	010－64267325 64245264(传真)
网　　址	www.1980xd.com
电子邮箱	xiandai@cnpitc.com.cn
印　　刷	北京中振源印务有限公司
开　　本	710mm×1000mm　1/16
印　　张	14
版　　次	2019 年 4 月第 2 版　2019 年 4 月第 1 次印刷
书　　号	ISBN 978-7-5143-1847-0
定　　价	39.80 元

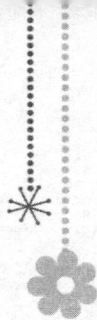

P 前 言
REFACE

为什么当今一部分青少年拥有幸福的生活却依然感觉不幸福、不快乐?又怎样才能彻底摆脱日复一日的身心疲惫? 怎样才能活得更真实、更快乐? 我们越是在喧嚣和困惑的环境中无所适从,越是觉得快乐和宁静是何等的难能可贵。其实,正所谓"心安处即自由乡",善于调节内心是一种拯救自我的能力。当我们能够对自我有清醒的认识,对他人能宽容友善,对生活无限热爱的时候,一个拥有强大心灵力量的你将会更加自信而乐观地面对一切。

青少年是国家的未来和希望。对于青少年的心理健康教育,直接关系到其未来能否健康成长,承担起建设和谐社会的重任。作为家庭、学校和社会,不仅要重视文化专业知识的教育,还要注重培养青少年健康的心态和良好的心理素质,从改进教育方法上来真正关心、爱护和尊重青少年。如何正确引导青少年走向健康的心理状态,是家庭、学校和社会的共同责任。心理自助能够帮助青少年解决心理问题、获得自我成长,最重要之处在于它能够激发青少年自觉进行自我探索的精神取向。自我探索是对自身的心理状态、思维方式、情绪反应和性格能力等方面的深入觉察。很多科学研究发现,这种觉察和了解本身对于心理问题就具有治疗的作用。此外,通过自我探索,青少年能够看到自己的问题所在,明确在哪些方面需要改善,从而"对症下药"。

目标反映人们对美好未来的向往和追求。目标是一个人力量的源泉、精神上的支柱。一个国家、一个民族如果没有远大的、被大多数人信仰的共同目标,就会形同一盘散沙。没有凝聚力、向心力,哪里还谈得上国家的强盛、民族的振兴？一个人如果没有目标，就会失去精神动力，不可能成为高素质的优秀人才。

理想是人生的阳光，希望是人生的土壤。目标与方向就是选定优良种子与所需成长的营养，明确执行的目标，让一个个奋斗目标成为你成功道路上的里程碑，分秒必争地尽快把一个个目标变成现实。再苦再难也要勇敢前进，把握现在就能创造美好未来！

一个没有方向的人，就如同驶入大海的孤舟，不知道自己走向何方，其前景不容乐观。而有方向的人，就如同黑夜中找到了一盏导航灯。方向是激发一个人前进的动力，也是一个人行动的指针。有方向的人能为美好的结果而努力，而没有方向的人只会在原地踏步，一生也只会碌碌无为。迷茫一族应早日做好自己的人生规划，心中有方向，努力才有目标，人生之路才会风光无限。否则，在没有方向的区域里绕来绕去，最终只会走出一条曲线，或绕了一个圆圈又绕回原点。拥有规划，但还要拥有恒心，即使在艰难险阻下，也要朝着自己设定的方向锲而不舍地前行，切不可半途而废，白白浪费自己的时间。

本丛书从心理问题的普遍性着手，分别记述了性格、情绪、压力、意志、人际交往、异常行为等方面容易出现的一些心理问题，并提出了具体实用的应对策略，以帮助青少年读者驱散心灵的阴霾，科学地调适身心，实现心理自助。

本丛书是你化解烦恼的心灵修养课，是给你增加快乐的心理自助术；本丛书会让你认识到：掌控心理，方能掌控世界；改变自己，才能改变一切；只有实现积极的心理自助，才能收获快乐的人生。

淡定——动如流水静如玉

C目 录
CONTENTS

淡定——动如流水静如玉

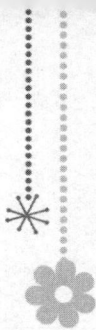

第一篇　淡定面对生活的不公平

比尔·盖茨说："生活本来就是不公平的,除了适应,我们别无他法。"

我们期待绝对的公平,可世界上哪有绝对的公平? 面对不公,怯弱的人抱怨,清高的人逃避,焦躁的人愤怒,悲观的人绝望,而淡定的人将不公平视为改变命运的契机,是上天赐予的礼物,是让自己更加成熟的磨炼,把自己打磨成一块闪光的金子。当我们一路走来,回首往事的时候,总是会发现,自己已经走过了那些痛苦。那些我们以为自己根本承受不了的痛苦,就这样轻易地留在了回忆里,而我们得到的是什么呢? 那就是成长!

人无完人，看开人生

　　面对生活的不公，请不要让愤懑和抱怨填满你的生活，上天并没有特别宠爱谁。面对过往，你要有"采菊东篱下，悠然见南山"的坦然；面对缺陷，你要用**"天生我材必有用"**的自信去看淡；面对命运，你要用"到中流击水，浪遏飞舟"的豪气去改变；面对坎坷，你要用"穷且益坚，不坠青云之志"的坚韧去跨越。

　　生活对美国总统罗斯福并不公平，小时候的他非常脆弱胆小，总是带着一种恐惧的表情，喘着粗气。每次老师叫他起来背诵，他的双腿就开始发抖，嘴唇也颤抖起来，这让他的声音总是含含糊糊的，引来同学的哄堂大笑。

　　所以，他常常回避同学间的集体活动，也不喜欢交朋友，越来越孤僻。然而，罗斯福却并不甘心被自己外貌和性格上这些先天的缺陷打败，他骨子里那股不屈的奋斗精神在提醒他，不能放弃！——那是一种任何人都具有的奋斗精神。缺陷促使了他更加努力地改变自己，他将喘气的习惯变成了一种坚定的嘶声，他咬紧自己的牙床使嘴唇不再颤动，他用坚定的意志克服了自己的恐惧。

　　但老天在他39岁的时候又给了他一记重击，罗斯福不幸地罹患了脊髓灰质炎，最终导致了终身瘫痪。但罗斯福是如此地了解自己，他太清楚自己的种种缺陷。他从来不欺骗自己是勇敢的、强壮的、好看的。对于缺点，他克服一切可以克服的，不能克服的便加以利用，就像他童年时做的一样。通过演讲，他学会熟练地使用一种假声，以掩饰他那无人不知的龅牙。他裹着毯子、坐着轮椅进行"炉边谈话"的样子，令民众再也记不起他以前那打桩工人般的姿态。

面对不公,罗斯福没有退缩和消沉,他从不抱怨上天,充分地认识自己,正确地评价自己,与困境抗争,甚至将缺陷加以利用,变为登上名誉巅峰的资本。

贝多芬的失聪、罗斯福的瘫痪、林肯的丑陋、拿破仑的矮小……上帝给他们以缺陷但也赋予了他们高贵的品行和坚强的意志,还有认识自我的头脑,于是一些凡人眼中可怕的缺陷,在他们这里已不成问题。他们的伟大成就掩盖了一切,让他们的形象因此而显得更加辉煌。我们也许这一生都无法取得那么大的成就,但却可以学习他们那种坦然面对自身缺陷的态度。**宽容了自己的缺点**,也就宽容了人生。

再美的春天也难免会有枯叶飘零,但这无碍于春意盎然的盛景;再好的晴天也会有乌云飘过,但它遮蔽不住整个世界的光明;再清澈的水也免不了会有杂质,但依然能够映照出蓝天和你的面庞。**幸福不会是纯粹的,也从来不曾绝对。**幸福生活也会有杂质,但它不会使幸福贬值,更不至于让幸福变质。恰如一粒微尘,尽管肆意飞扬在风的世界里,却何曾遮蔽一草一木,又何曾浊化朗朗青天? 尽管贸然地砸入水的平静中,却何曾破发一丝声响,又何曾惊起半点涟漪?

十岁的美国小男孩里维,在一次车祸中失去了左臂,但是他很想学柔道。里维拜了一位日本柔道大师做师傅,开始学习柔道。他学得不错,可是练了三个月,师傅只教了他一招,里维有点弄不懂了。他终于忍不住问师傅:"我是不是应该再学学其他招数?"

师傅回答说:"不错,你的确只会一招,但你只需要会这一招就够了。"里维并不是很明白,但他相信师傅,于是就继续照着练了下去。几个月后,师傅第一次带里维去参加比赛。里维没有想到自己居然轻轻松松地赢了前两轮。第三轮稍稍有点艰难,但对手还是很快就变得急躁起来,连连进攻,里维敏捷地施展出自己的那一招,又赢了。就这样,里维迷迷糊糊地进入了决赛。

决赛的对手比里维高大、强壮许多,也似乎更有经验。里维一度有些招架不住。裁判担心里维会受伤,就叫了暂停,打算就此终止比赛,然而师

淡定——动如流水静如玉

傅不答应，坚持说："继续下去！"比赛重新开始后，对手放松了戒备，里维立刻使出他的那招，制服了对方，由此赢了比赛，得了冠军。

回家的路上，里维鼓起勇气道出了心里的疑问："师傅，我怎么凭一招就赢得了冠军？"师傅答道："有两个原因：第一，你几乎完全掌握了柔道中最难的一招；第二，就我所知，对付这一招唯一的办法是抓住你的左臂。"所以，里维最大的劣势变成了他最大的优势。

生活中的意外常常让人毫无防备地受到伤害，于是人们便悲观地表示世事皆造化弄人，抱怨自己未曾得到生活的庇佑。**上帝或许忘了对生活进行精细的雕琢，但是却从来不曾把幸福遗失。**学会如何面对不公平，远远比学会如何评价不公平重要。我们每个人都有理由相信自己的生活并非充斥着缺憾和绝望，那些所谓的不足从来就不曾影响到我们对生活的追求，也从来不曾破坏我们拥有的幸福。

我们需要淡定地面对生活中的不公平，宽容地对待自己的缺陷。事实上，当我们回首人生，就能够发现它们原来只是微不足道的尘土而已，而人事辗转，年华飞逝，它们早已沉淀在幸福的角落，难以寻觅。人生难免有点墨之污，难免有行迹之晦，无须斤斤计较，也无须耿耿于怀。很多时候，并不是生活不够公平，而只是我们不够淡定。

人生就像是一场旅行，道路的崎岖，一路的相逢与错过都不是你能决定的，但这一段走得是喜是悲却只取决于你。如果你希望它欢喜快乐，那就该放下那些看不开的曾经，丢弃多余的包袱。轻装上阵，才能活得轻松自在、幸福多彩。

刚刚离婚的他突然被工厂辞退了，一下子成为"双失"青年给了他很大的打击。最让他感到伤心的是，自己在工厂里一直兢兢业业，任务也完成得很出色，为什么被领导裁掉的人会是他？他不吃不喝，彻夜难眠，似乎想要找出一个合理的理由。大家的规劝也难以让他走出阴霾的情绪。

这不是一个人的故事，这是一群人的故事。

失业又失婚，对每个人来说都是很难迈过的一道坎儿，但生活总是要继续下去的。人生总是有很多看不开的东西，生活、工作、爱情，总是让人纠结不已。我们习惯于埋怨社会的不公，习惯于抱怨生活过得不如意。我们常常想不明白为什么自己的努力得不到回报，也常常看不明白生活的希望究竟在何方，而人生为何会有烦恼，为何会有得失，又为何会有这诸多的不顺。生活给了我们太多的疑惑，每个人心中也都藏有太多个为什么。

很多时候，我们看不穿世事浮华，参不透人伦生死，辨不明是非善恶，更放不下名利和得失。我们希望找到生活的捷径，却总是在迷惑中焦躁不安。**我们执着地想要了解生活的真相，结果执着了一辈子，到头来不过是在雾里挣扎着痛苦了一生**。追求看不开的就注定成为了束缚，执着于看不开的就注定成为了禁锢。生活也许当真需要一个答案，但这个答案或许并不是依靠眼睛去看明白的，也不是依靠思维去想明白的。

狐狸吃不到葡萄而说葡萄是酸的，我们鄙视和嘲笑狐狸的自欺欺人，但是真正愚昧的往往就是我们自己。当我们在想得而不可得的纠结中耿耿于怀、焦躁不安时，聪明的狐狸已经坦然地放下了心结，不再自寻烦恼。生活中那些想不清楚的、看不明白的、参悟不透的东西，不如统统放下，何必为那些难以作出决定的事情伤神费力呢？

学会放弃吧！放弃失恋的痛楚，放弃屈辱留下的仇恨，放弃心中所有难言的负荷，放弃费尽精力的争吵，放弃对权力的角逐，放弃对虚名的争夺……凡是次要的、枝节的、多余的、该放弃的都要放弃。

拿得起，实为可贵；放得下，才是人生处世之真谛。

只有放得下，才能将该拿得起的东西更好地把握住，从而抓住最重要的东西。只有这样，你的人生才会有一个更好的结局。

人总是会有强烈的求知欲，我们妄图去了解和参悟一切真相，所以习惯性地执拗在那些得不到看不开的东西上，不愿意放手，只为寻求一个公正合理的结果。然而最终也许会在痛苦纠结中绝望地发现，这个世界很多时候并没有太多的为什么，也不会有所谓的结果。是因为我们想得太多，也希望能够知道更多，然而这样的生活只会从简单走向复杂，从复杂走向更复杂，最痛苦的却永远都是自己。

如何向上，唯有放下。**生活的真相往往很简单，只不过我们常常过于执着罢了，所以一直都在追寻着错误的东西。**过度追求反而不可得，坦然放下却可以得偿所愿，也许这就是生活最大的真相。

淡定——动如流水静如玉

越战期间,尼克松总统要求指挥官斯威士摩兰汇报一下局势。

总统问:"将军,我们越战的目标是什么?"将军回答:"征服与平定敌人。"总统又问:"那该怎么办?"将军请求:"我要四十万大军。""去年这个时候,你说只有二十万就够了。我给了你二十万军队,你平定了多少敌人?""事实上我们到达后,抵抗力量增加了一倍。"

总统立即说道:"既然二十万军队产生了双倍的抵抗力,那么四十万军队就会有四倍的抵抗力。所以我认为,继续向越南派遣军队是不明智的。"

尼克松的决定把美国拖出了越战的泥潭。

这就像打麻将,本来大家说好打八圈结束,但八圈过去,意犹未尽,尤其是输了的那位,总想再加赛一两圈,兴许就打回来了。一开加赛的头,可能就难以收场,最后搞得疲惫不堪或不欢而散。其实,打麻将有输有赢,输了,证明自己今天运气不好,或发挥欠佳,再拖下去赢面依然很小,输更多的可能性反而较大。

生活中真正的烦恼,不是那些看不开的事情,而恰恰是我们的执着和不甘。我们希望能够看清笼中的鸟儿,最后却常常不自觉地走进鸟笼之中,将自己困锁起来。然而人生需要从容一些,我们也需要给自己的心灵更多的空间。执着只会带来无止境的痛苦,适时放下才会让美好的生活继续。

心灵悄悄话

再美的春天也难免会有枯叶飘零,但这无碍于春意盎然的盛景;再好的晴天也会有乌云飘过,但它遮蔽不住整个世界的光明;再清澈的水也免不了会有杂质,但依然能够映照出蓝天和你的面庞。幸福不会是纯粹的,也从来不曾绝对。幸福生活也会有杂质,但它不会使幸福贬值,更不至于让幸福变质。

淡化痛苦，坚强应对

人生就是交响乐，只有配置了苦痛的低音区才能演奏出抑扬顿挫的动人乐章。虽然谁都不情愿遭遇痛苦，但唯有拥抱过痛苦，才会懂得享受生活的甘甜。

纪伯伦的寓言里有一则故事：

一只蚌跟它附近的另一只蚌说："我身体里边有个极大的痛苦，它圆圆的，很沉重，我遭难了。"另一只蚌怀着骄傲自满的情绪答道："赞美上天也赞美大海，我身体里边毫无痛苦，我里里外外都很健全。"这时有一只螃蟹经过，听到了两只蚌的谈话，它对那只里里外外都很健全的蚌说："是的，你是健全的，然而你的邻居所承受的痛苦，乃是一颗异常美丽的珍珠。"

我们渴望得到一帆风顺的人生，渴望顺利躲避所有的苦难，但是生活中时时有难以预料的灾害、不可避免的伤病侵袭，还有不如意的人生挫折，生活总是要求我们去面对那些不愿意面对的事情。我们总是免不了要捂着伤口，在那不如意的生活里穿行，在那不幸福的爱情世界里挣扎，甚至认为人生就是痛苦的进化论，不可抗拒。

虽然不可抗拒，但我们有选择的权利。我们可以坦然地面对生活中总要经历的苦难，可以笑着接受那些人生必经的痛苦。正如先哲们所说："**受苦的人，没有悲观的权利。**"

生活不是等待风暴过去，而是学会在雨中翩翩起舞。我们不能过滤痛苦和不幸，苦难需要我们自己去淬炼和消化，然而无论人生是何其的不幸，痛苦也是一种公平的赐予。上帝给予每个人一份礼物，有伤痛也有快乐，尽管外在的包装不一样，但内在都潜藏着人生的一笔财富，苦难亦是如此。

淡定——动如流水静如玉

我们不能被外表的包装所迷惑,并以此作为生活幸与不幸的定论。真正的生活并不是一种外在的装饰,而是一种内在的挖掘。**当我们一路走来,回首往事的时候,总是会发现,自己已经走过了那些痛苦。**那些我们以为自己根本承受不了的痛苦,就这样轻易地留在了回忆里,而我们得到的是什么呢?那就是成长!

甲、乙两个大学生毕业后,甲挖空心思,留在了城里,钻进一个各方面条件都很好的企业;乙则回到了生长的地方,在一家小企业里当职工。

几年后,甲、乙二人在一个订货会上相遇了。甲虽然仍是普通职员,但西装革履,手机皮包;乙虽然已是副厂长,但衣衫寒酸,土里土气。甲拍拍乙的肩膀说:向上走舒服一点儿;向下走,就得艰苦一点儿喽!

又过了几年,很多企业实行改制,甲、乙所在企业都在其中。无突出贡献和技能的甲被裁减出门,成绩突出、能力超群的乙被公推为总经理。甲从报上看到一家公司的招聘简章,登门求职,遇到了乙。了解了情况后,乙拉着甲的手说:"我说过嘛,有时候会没有班车的。"

人生的道路上,对目标的追求要高就,但实现目标的心态要低就。这是一次时间的考试,答的是一份人生的答卷。答卷的两个人都有自己的答案。甲从一开始答卷就想逃避,想少一些难题,而乙却想用一整份的难题来证明自己。

人的一生犹如登山,不要期望山脚或山腰有架直升机帮你。**一步一步地向上攀登,当你在山顶"一览众山小"的时候,满手的茧和满手的伤疤便是一种见证。**不要总是贪图享受,不想经受磨难,总想轻轻松松地过上体面的生活。其实痛苦是人生的必修课,今天你逃避了,将来必有一天要补上!

痛苦是成长的一部分。生活的不幸、事业的失败、情感生活的失意,人生处处都有不如意的存在,成长就是痛苦的累积。尽管人生苦难繁多,生活却并不一定就是苦楚的,因为痛苦的存在也是成长的契机。无论是蝉的蜕变,还是蚕的破茧,哪一次成长不是痛彻心扉的,哪一次成长不是撕心裂肺的?但正因为如此,它们的生命得到了升华和延续,它们在痛苦中构筑起新的生活乐趣。

当我们能够淡定地对待人生的种种苦难，也就会在自我度化中不断成长，因为人总是在痛苦中成长起来的，没有痛苦的人生历练，我们又如何能领悟生活的真谛，享受生活的乐趣？孟子认为痛苦的存在不过是预示着"天将降大任于斯人也"，痛苦的人生可堪其忧，更堪其幸。**生活常常给予我们一个并不公平的开始，但是往往能够给予我们一个更为公平的结局。**很多时候，我们需要更加冷静和淡定地看待生活中的一切，并重新去思量痛苦的人生定义和生活价值。

生活中多一分磨难，人生便多得一分历练。有时候，痛苦就像生命的刻度一样，不断记录着生活的悲伤，也不断记录着人生的成长。"不经一番寒彻骨，哪得梅香扑面来？"自古英雄多磨难，他们与凡人的不同之处就是抓住了痛苦背后的机遇，在痛苦中创造了奇迹。这正迎合了那一句哲言："唯有痛苦才能带来教益。"痛苦往往让我们的成长变得更有价值，也变得更有分量。其实，生活恰如一朵黑色的曼陀罗，会在疼痛中挥洒出青春的妖艳，会在无尽的黑色里涌动出生命的暗香，所以我们有理由相信：人生的灼灼其华恰恰存在于生活的最黯淡处。

坚强或许是生活最美好的赠予，但假装坚强就变成了上帝最残酷的惩罚。当你想笑的时候就放开怀抱去笑，而当你想哭的时候，不妨肆无忌惮地痛哭一场。坚强不是遮掩，而应该是内在的真实修炼。

她是一个从小就生活在孤儿院里的孩子，从幼年就开始了自立自主的生活。过早的社会历练，让她变得十分独立和坚强，对于生活问题的处理能力以及抗压能力完全超出了同龄人，周围的很多大人都对她的成熟懂事感到惊讶。

某一次，她不小心从楼梯上摔了下来，结果摔成了骨折。在医院的病床上，她完全失去了往日的坚强模样，不住地哭闹，有些人因此开始埋怨孩子不听话了。当给她打针的时候，她下意识地哭喊着"妈妈"，这时，大家才意识到她其实不过是一个不满十二岁的小女孩而已，她也需要爱和关心，她也有脆弱的权利。

淡定——动如流水静如玉

生活让我们学会坚强，但并未因此剥夺我们哭泣的权利。**每个人都有脆弱的时候，但我们却总是习惯于隐藏起自己的软弱。**当被苦难摔倒在地时，有人会告诉我们要学会坚强；当遭受严重的挫折时，别人会鼓励我们要保持坚强；当生活陷入极端的困境时，耳边依然会有这样一个声音：你要坚强！生活似乎总是迫切地要求我们表现出最坚毅的一面，来从容地面对和处理各种各样的问题，然而很多时候，一个人坚强地活了一辈子，最后往往会发现其实最脆弱的就是自己。

我们每一天都在雕琢脸上的从容和笑容，每一天都要保持充分的自信和坚定，可坚强的人往往活得更加痛苦。因为他们把那些承受不了的东西全部背在身上，却不知生活中的委屈和压力不是用来存储的，而是需要及时在眼泪中释放的。草木历经风沙而不折，遭遇寒霜而未衰，孤寂的黎明过后总会留下几滴露水，然而它们何曾软弱呢？**真正让人痛苦的不是流血流泪，而是把血泪压制在那最痛的伤处和最伤的心口。**

刻意地去无视或淡化困难的存在，并不意味着我们已经胸有成竹，也并不意味着可以让我们更加强大。笑容印在了脸上，却总是在心中留下悲苦的泪痕；坚毅撑起了生活，却总是划伤我们脆弱的心。当还有一丝韧劲，我们不要轻易向困难示弱，但有的时候，我们有必要承认和正视自己的脆弱，无须时时刻刻都坚如磐石。

有一个女人，婚姻亮起了红灯。当她老公向她提出离婚的时候，她誓死也不离，她向朋友说："我不会让他们好过，我不会离婚，我宁可自己不好过也要折磨他一辈子，我绝不会让她取代我的位置。"

她的朋友都认为：两个人的感情亮了红灯，不可能全是一方的问题。她的老公之所以提出离婚，必然也有她的责任，可是，她让自己陷入这样极端的疯狂和痛苦，多么不值。

许多年后，她告诉朋友自己离婚了。朋友问她发生了什么，她回答说："我只是累了，就答应离了。"可是这时候，她的韶华已逝，她在痛苦中折磨了别人，同时也折磨了自己，这是多么不值得的事啊！

我们每个人的一生，大都是有顺有逆，在这短暂的旅途中，难免会跌倒,但是我们要宽容这必然的坎坷,在逆境之中要懂得为自己释怀。**当我们把失意、委屈、愤懑放下时,我们即刻就能勇敢地站起来;在我们放下的一刹那,就会得到一种新的体悟,同时心灵与智慧也会得到自由、宽慰与成长。**

没有人会嘲笑我们的眼泪,眼泪也不会让我们的坚强贬值,我们需要适时地放下倔强和自尊。现实中,我们常常在为别人的看法而活着,甚至连笑容都是做给别人看的,明明害怕寂寞,却还要刻意飞得高远;明明无力再高飞,却还要艰难地张开受伤的翅膀。也许只有等到独处时,才敢于在无限的落寞中面对镜子中那个伤痕累累的自我。我们从未真正给予自己的情绪一个自由挥洒的平台。人生的确如戏,有时难免要做些伪装,但最重要的还是懂得适时地放生真我。

我们应该更淡定地看待自己,生活总会有那止不住的眼泪,人生总会有那负不起的悲伤,生命也总会有那摆脱不了的脆弱。既然如此,又何必去逃避呢?**将脆弱包裹起来只会让自己觉得更加痛苦,适时表现自己的脆弱并不丢人,也并不会折辱你的坚强。**勇于面对自己脆弱的人,往往要比那些"无动于衷"的坚强者更加坚强。生活很无奈,没人能独自前行,别用坚强的面具欺骗自己,别拒绝那些伸过来的手掌,在一个安心的怀抱里痛哭一场,是每一个善良的人应有的报偿。

心灵悄悄话

人生的确如戏,有时难免要做些伪装,但最重要的还是懂得适时地放生真我。我们习惯于保护别人,习惯于安慰别人受伤的心灵,却不知道其实自己一直都渴望得到别人的安慰和保护。我们会有孤单寂寞、担心害怕和失落绝望,也会有难以愈合的伤口,甚至会遭遇人生不可承受之重,任你如何钢盔铠甲的武装外表,里面永远都是那颗柔弱的心。

放下包袱，轻装前行

生活总是轻易让我们误解：无一处是宁静，无一处可休憩；无一处是祥和，无一处可欢欣。生活的得失、人情的伪善、世事的浮沉……世界一直熙熙攘攘，我们四处奔波，浑浑噩噩，忘记了灵魂最初与最终的所在。

生命的真谛也许在于一个单纯的微笑，在于一个甜美的声音；也许在于春夜的飞花，在于秋日的枯黄；也许在于静候日出，也在于品味日落。**我们当有这样的一份觉悟：自己真正需要什么，我们自己又是什么，人生究竟会是什么，而怎样才能更有意义**。这份觉悟很难在喧嚣的氛围中体会到。当我们漫无目的地挣扎时，如果不能给生命一个完整的定位，就会轻易地迷失在人生的道路上。

在灯红酒绿的虚无中，我们是否感觉到自己已迷失得太远；在是是非非的牵绕中，我们是否一直都抱怨得太多；在喧嚣浮躁中，我们是否已感觉困顿得太久。世界的膨胀总是让我们的情绪发酵，因为生活而忧愁，因为工作而不满，又因为爱情而伤怀，在人生的诸多况味中，我们一直苦苦挣扎。这并不是因为我们曾经走进了世界，而是我们不曾走出这个世界，不曾学会远离，所以注定受伤。

诗人海子眼中的精神家园是**"面朝大海，春暖花开"**，在那里，他可以喂马劈柴，关心粮食和蔬菜；陶渊明则在世俗的黑暗中找寻到了心中的桃花源，那里**"芳草鲜美，落英缤纷"**；竹林七贤也走进远离是非的青竹之中，在那里可以不拘礼法，饮酒纵歌。是的，每个人都需要一片让灵魂休息的精神家园。

受缚于世界的规则，受制于生活中名利的纷扰，这是人生的常态，只不过区别在于：一个是被束缚中的无奈，一个是作茧自缚的困扰，但结果是一样——我们无法走得更远。**一个灵魂究竟能够走多远，决定权不在于它的**

强韧度和生命力，而恰恰在于它的自由度。倘若你愿意让自己的思想和灵魂更加独立自由一些，也许就可以逃离困扰，也许就可以走得更加轻松。

"生命诚可贵，爱情价更高。若为自由故，二者皆可抛。"匈牙利诗人裴多菲将自由提高到了人性的高度，而心灵的自由无疑还要更高。

当然，一般的人并没有这样高的追求和领悟，但也需要保持自己的特性，保持自己心中的那一份纯真和向往。只有当自由被渴望时，灵魂才更加有魅力。每个人都希望能尽情享受当下的人生，而且都是一些平凡而卑微的愿望。诸如：唱一首简单的歌，做一些轻松愉快的事，想一些惬意舒心的问题，虽然平凡但却自由。**当你试着逃脱世俗的牵绊时，也许就会发现：原来有一种生活叫作简约，有一种幸福叫作简单。**

生活需要开辟一片净土，用来安置我们的灵魂，那里没有纷争和伤害，没有虚伪和欺骗，没有生活的困顿和烦忧。在那里，我们可以不为浮华所淹没，可以不为生活所忧虑，可以不为人世的不公而伤怀。

哲人说："世道再难，也要呼吸顺畅。"每个人都需要一个独立的精神小屋，在那里，我们可以怡然自处，我们可以不理世事尘嚣，可以静享一整个下午闲适生活的美妙，可以品饮一夜雨落窗台的清幽。生活需要这样的静处，任外面的世界风大雨急，任它狂沙漫卷，任它物欲横流、伪饰成风，任它人心不古、世态冷漠，且不妨独居这宁静的小屋，我心安然，我心依旧。

作家韩少功说："我要亲手创造出植物、动物、微生物，在生命之链最初的地方接管我的生活。"**每个人都是生活的造物主，每个人都可以造出一个完全属于自己的世界，为自己遮风蔽雨，为自己安抚受伤的心灵。**我们需要一点儿独立，独立于世事浮华之外，独立于心灵沉静之中。人要学会接管自己的生活，而不是挣扎在世界的禁锢之中。生活的不公平正是让你感知到生活的缺失，为此忧伤，为此沉沦，可是心中若存有净土，刹那便有莲花盛放。

一颗淡定的心应当游离在浮嚣之外，将自我扎根于宁静的心灵居所，不随世事沧桑而变动，不因喧嚣浮躁而沉沦。每个人心中都有一片净土，每个人都要努力去守望那内心的一处宁静，在那里等待幸福与爱的飞翔。

最使人疲惫的往往不是道路的遥远，而是你心中的包袱；最使人痛苦的往往不是生活的不幸，而是你自我的否定；最使人绝望的往往不是挫折

的打击，而是你用抱怨为自己压上了最后一根稻草。

1975年，一个患有"先天性四肢切断症"的婴儿出生在某家日本医院，这个只有头和躯干的孩子把在场的护士惊呆了。上天以这样的方式对待一个孩子实在太不公平，而对孩子的母亲来说，这也许是最残酷的考验了，她要如何养大这个残疾的孩子呢？

当孩子的母亲见到这个"怪异"的孩子时，却说出了所有初为人母都会说的一句话："他多可爱啊！"这位母亲竟然平静地接受了孩子身上发生的这一切，似乎孩子根本就没有残疾一样，如此伟大的母爱感动了所有在场的人。后来有人问她日后将如何面对这个孩子的成长以及带来的生活困扰时，她摇摇头说："无论我如何去思索未来，只会让我和孩子更加痛苦而已。他活着，就已足够好了。"

人生总是不缺乏各种各样的包袱，有那不尽如人意的生活，那失败得不能再失败的工作，还有那分分合合的爱情。人生总有那想得而不可得的东西，也总有那想留而留不住的东西。**我们执拗地要求得到一个合理的解释，于是背起一个个沉重的包袱，那里面装着无奈、不公、抱怨、忧虑、悲伤，还有是非、得失、诱惑、烦恼，每一个都是人生的枷锁，每一个都让心灵饱受重压。**

总是有人要质问生活为什么对自己如此不公，然而生活又何曾公平过呢？我们常常各自悲伤地瞻仰着生活的不幸，但生活并不会为你的不幸而做出任何改变。倘使你希望生活要为你的悲伤而流泪，那么也只会流在你心中，让你永远地负重。不公平既然已经存在，我们何必还要将它揽入心中？生活不免会有残缺，如果放不下思想包袱，这种残缺便烙在心上，我们的人生也就永远都要挣扎在残缺之中了。

其实每一个人的心都是自由的，如果你感叹心太累，那么一定是你自己锁住了自己。**"世上本无事，庸人自扰之"**，何必做一个自筑牢狱的庸人呢？跳出来吧，快乐正在等着你。

不妄求，不贪恋，不慌乱，不躁进，一切自然随意，人生还会有那么多的东西可以让你寝食难安、愁眉不展吗？很多东西都是人人想要的。为此，世事纷争，你恨我怨，但有几人可以如愿？为何不开释自己的心灵，无私无欲？让自己跳出圈子，卸下包袱，心境恬淡一点？

不要幻想生活总是那么圆圆满满，也不要幻想在生活的四季中享受所有的春天，每个人的一生都注定要跋涉沟沟坎坎，品尝苦涩与无奈，经历挫折与失意。

洒脱一点，得失存乎于世，弃之于心。人生难免看尽落英缤纷、风华早谢，停留与驻足不应该是你人生失意时的选择。抬眼望天，太阳永远光彩夺目，月亮永远以暗夜作幕。生活不可求全，披着阳光的色彩前行，生活才会有光明照耀。

人的一生，总免不了磕磕碰碰，遇到不快而生气，或遇到天灾人祸而痛不欲生等。很多时候，我们所有的苦难与烦恼，都是自己依靠过去生活中所得到的"经验"做出的错误判断，这时，我们不妨跳出来，换个角度看自己，你就不会为名利加身、赞誉四起而得意忘形。换个角度，便会产生另一种哲学、另一种处世观。

很多时候，失意的人之所以失意，是因为心里一直放不下，是因为心里打了一个死结。我们依据以往的失败经验，时常会认定"生活不会轻易让我成功的，再怎么努力也是枉然"，有了这样的想法，我们的努力自然也就要大打折扣。然而，纵使人生有些无奈，但过去的既然已经过去，就不妨坦然地放下，今时今刻的我们，又何必要让心灵去承载往日的业障？

我们总是抱怨自己的人生路太难走，以至于自己未能走得更远，以至于处处都落人一步。其实，**我们之所以走得太慢太靠后，实际上只是因为自己背负了太多的东西，从而拖累了自己前进的脚步。**心中背负重担时，前行的路如何能够走好？人生要懂得及时放下，我们的心装不了多少东西，我们的生活也承受不了多大的重量，背得越重只能陷得越深，唯有轻装上阵方可行得更远。

每个人都想着如何让生活变得更好，但那些浮华不过是徒增了一把华美的枷锁，它捆绑在我们的心灵上，压抑着我们的呼吸，停滞了我们的脚步。将人生中那些背负不起的东西和那些不值得背负的东西都坦然地放下吧！如果生活对你不够好，那你就要对自己好一些；如果生活对你还是不够公平，那么你就更要对自己公平一些。生活把负担推给了你，你又何

淡定——动如流水静如玉

必再推给心灵?

往日花开的一缕香,不要让它在心中飘扬游荡;花谢经年的一滴泪,不要让它在心中滑落留痕。须知花开花谢没有公平或不公平之说,它只关风月,无关淡泊人心。其实万物都只是空相,名与利、是与非、得与失、公平与不公,都是心外的空相。熙熙攘攘的浮尘俗世,我们又何必去取来背负,徒增心中万般的烦恼?

心灵悄悄话

在灯红酒绿的虚无中,我们是否感觉到自己已迷失得太远;在是是非非的牵绕中,我们是否一直都抱怨得太多;在喧嚣浮躁中,我们是否已感觉困顿得太久。世界的膨胀总是让我们的情绪发酵,因为生活而忧愁,因为工作而不满,又因为爱情而伤怀,在人生的诸多况味中,我们一直苦苦挣扎。然而这并不是因为我们曾经走进了世界,而是我们不曾走出这个世界,不曾学会远离,所以注定受伤。

拒绝偏见，告别绝望

我们害怕偏见，更怕偏见多了，"众口铄金，积毁销骨"。所以面对偏见，我们或是无端地怀疑自己，将自己的人生放在了别人的舌头之下，或是怒发冲冠，用无意义的争辩将自己拉进了偏见的旋涡，难以自拔。

他的父亲是政府机关的一位高级官员，但这并没有影响到他的生活。直到他进入某所高校后，被好事的同学知道了他的家世，便大肆宣扬他是通过关系、走了后门才得以入学的。在老师和同学的冷落和排斥中，他一点点明白了什么叫作"另眼相待"。但他一直不愿去辩解什么，对于别人刻意地嘲讽，他也尽量不放在心上，一如既往地保持着自己从容淡定的态度。

有一次，一个同学又故意找他麻烦，和他发生了争执，那同学愤怒地指着他骂道："你只不过是凭关系才能进这个学校而已！一个不值一提的败家子，还在这里乱吠！没有你爸爸，你能做什么？"这样的挑衅让他难以忍受，气愤涨红了他的脸庞，但是他却忍耐了下来，攥紧了拳头，用尽量平静的语调说道："我并不是因为父亲的关系才进入这个学校的；相反，是我的父亲被莫名其妙地拉进了学校——并不是因为他的身份，只是因为他的儿子是你们的同学！难道这样就必须成为你们关注的一分子吗？"对方听了顿时哑口无言。

当个人的外表成为了相互交流的全部，误解和偏见自然免不了会时常出现，这就是生活的"月晕效应"。生活总是不乏先入为主的眼睛，它们总是轻易就把我们放进那些固定的框架中衡量。好与坏、是与非似乎都有一种既定的模式，我们会因此遭受冷落，会因此被当成坏人和小人，会因此成为别人眼中的异类。

淡定
——动如流水静如玉

我们对于生活的随意自由,也许会被看作不受管束的表现;我们对于爱情的执着,也许会被别人看成是傲慢与清高;我们在工作中的孜孜不倦,也许会被当作奉承讨好的虚伪表现。当真相被误解时,我们习惯于用刺猬的方式来防备那些对自己怀有偏见的人,用愤怒来表达自己的不满。或许我们并未希望借此来还原一个最真实的自我,而纯粹是为了发泄情绪,不过结果只会不断加深误会。

事实上,当遭遇不公正的对待时,我们犯不着和对方斤斤计较,因为这样根本于事无补。眼睛永远都长在别人的身上,这是你无法去改变的。**不要试图用自己的反抗来换回别人施舍般正视的一眼,这样只会让自己遭受更大的偏见。**我们需要保持淡定的心态,尽量拿出一些君子气度,更加从容优雅地面对他人的误解,不要急于把自己身上的刺全部竖起来——哪怕想要成为一只刺猬,也应该成为一只优雅的刺猬。

刘女士的爱人是教师,邻居大都是爱人的同事。几年前,有人传说学校的一个会计偷东西。会计认定流言是从刘女士那传出来的,因为刘女士曾经为一些小事情和会计争吵过。

后来又有一位老师找到刘女士,很生气地责问她:为什么四处造谣说他倒卖东西?问得刘女士莫名其妙。从此以后,只要是有传言,大家就会认定是出自刘女士之口。

刘女士非常希望她的邻居们能够听听她的辩解,但是没有人相信她。这种被邻里误会的感觉,使她非常痛苦。

邻居对她很冷淡,如果有什么传言,便会想到是她所为,连辩解的机会都没有。这种生活环境,使刘女士感觉自己是生活在一个大闷罐里,她觉得自己都快闷死了!

在这种情况下,刘女士应该怎么办呢?后来,一位老者劝解她说:"你只需做好自己。总不可能每一个人都喜欢你,总有不喜欢你的人。你的心态平和了,别人多多少少也会受影响的。"

是啊,不要拿别人的误解或错误来惩罚自己,要学会甩包袱——小事不要挂在心上,和没发生一样,照样和别人打招呼,以你的宽容、豁达和正直品格感染他人，别人自然会为自己的误解感到内疚的！

　　当别人对你存在偏见时，没有必要因为真相被掩盖而生气，你反而应该庆幸自己并不是对方所讨厌的那一类人。事实上，你们之间并不存在冲突，而这就是解除误会的关键。如果你真的成为了对方眼中那一类人，那才是麻烦的开始。不要在意别人如何看待你，不要介怀别人怎样评说你，很多时候，别人踩住的只是你的影子，又何必为此而生气呢！

　　被人误会常常会让人觉得难堪，我们迫切地想要解释，但事情往往是越描越黑。我们有时候也迫切地希望能够向对方讨回一个公道，但是执着和强势，只会加剧冲突和误解。诗人但丁曾说过："走自己的路，让别人说去吧！"这是面对偏见时的一种潇洒和自信，每个人都需要这样淡定的心态，遇事不要浮躁地做出反应，反而时常要安静地想一想：偏见究竟带来了什么影响，到底又是谁的错误呢？

　　有人对偏见做过这样一段妙喻：**在暗夜中见到某个窗口亮着昏黄的灯时，有人会说："这一定是某位母亲为尚未回家的孩子在祈祷。"但也有人会说："老天，这一定是有人在偷情。"**偏见是生活的一部分，我们常常难以避免，而它也的确会给生活带来很大的苦恼。偏见并不是一种恶意的攻击和排斥，而是在缺乏相互了解的情况下，人的一种本能的反应而已。

　　严格说来，"偏见只是一个无知的孩子"，只是一个惯性思维所犯下的经验性错误，所以我们应该以优雅淡定的姿态来对待别人犯下的小错误，对待生活中的这一点儿不公平，而无须把事情想得太复杂，更无须对别人的偏见抱有敌意。每个人都有可能会被别人扣错第一颗扣子，但是我们没有必要为此扣错余下的所有扣子。

　　在人生的道路上，即使一切都失去了，只要一息尚存，你就没有丝毫的理由绝望。因为在绝望的尽头，一定有希望在等候。

　　在几米的画册《希望井》中有这样的话：我掉入井中，在最深的绝望里，却低头看到了满眼的星光。生活总是给我们接二连三的困难，让我们疲惫绝望。其实，只要换个姿态来看待，你会发现，即使身处绝望，你的周围还是会有最美的风景。绝壁上你看到的花朵永远比寻常的更为妖娆。无论如何，都不要轻易放弃和绝望，因为也许低头的瞬间便可以发现满眼的星光。

人生从来就不会一帆风顺，社会的阴霾不公、生活的颠沛流离、爱情的怅然若失、事业的壮志难酬，这一切都让我们感到无助和悲伤。当我们一无所有，当我们什么也抓不住的时候；当我们对于人生失去信心，对于自己已经不抱任何希望时——生活轻易就会使我们从失望变为绝望。而我们已经习惯于在绝境中无所适从，习惯于在绝境中无所作为，习惯于在绝境中承认自己的渺小。

我们不知道绝境中还会有什么，不知道自己能做什么，更不知道自己该做什么，因为我们总是惯性地认为一切都会是徒劳无益的。所以当生活把我们丢进笼子时，我们已经收起了翅膀。

绝望并不意味着结束，它其实是一个过程，是一个让人慢慢挣扎而至放弃的过程。绝望不过是一朵不恰当的云，在不恰当的时候从眼前飘过，碰巧勾起了我们那不恰当的忧郁。它并不会吞噬我们的生活，所以我们更应该给自己一点儿信念，更应该给自己寻找一点儿让生活继续下去的信念。

我们总是感觉到希望已无处寻觅，也许只是我们从来不曾寻觅生活的希望。其实绝境中常常别有洞天：**在那最深绝的悬崖缝底，往往会是"一线天"的人间至景；在那最罕无人烟的大漠戈壁，则会有长河落日的气势磅礴；在那壁立千仞的峭壁上，总有那最妖娆的未名之花。**绝望并不是荒芜，也不是空洞，它不曾将一切隔绝，只是你未曾发现其中的美。

一个失意的人爬上了一棵樱桃树，准备从树上跳下来，结束自己的生命。就在他决定往下跳的时候，学校放学了。

成群的小朋友跑了过来，看到他站在树上。一个孩子问："你在树上做什么？"他想总不能告诉小孩要自杀吧！

于是，他说："我在看风景。""那你有没有看到身旁有许多樱桃？"另一个孩子问道。他低头一看，发现原来自己一心一意想要自杀，根本没有注意到树上真的结满了大大小小的红色樱桃。"你可不可以帮我们采樱桃啊？"孩子们央求道，"你只要用力摇晃树干，樱桃就会掉下来。拜托啦！我们爬不了那么高。"

失意的人有点儿意兴阑珊，但是又拗不过孩子们，只好答应帮忙。他开始在树上又跳又摇。很快,樱桃纷纷从树上掉下来。越来越多的孩子聚过来,大家兴奋又快乐地捡着樱桃。樱桃差不多掉光了,孩子们嬉笑着谢过他,慢慢散去了。那个失意的人坐在树上,看着孩子们欢乐的背影,自杀的心情和念头都没有了。他采了一些还没掉下去的樱桃,慢慢地走回了家。

回到家时,他看到的仍然是那破旧的房子,与昨天一样的老婆和孩子。但是孩子们看到爸爸带着樱桃回来了都很高兴。他看着孩子们吃着樱桃那欢快的样子,忽然有了一种新的体会和感动,他想:或许这样的生活还是可以活下去的吧!

失望的尽头总会有新的希望产生,乌云的背后一定藏着太阳,风雨之后总有彩虹,在最深的绝望之中,永远隐含着希望。

黑夜之所以黑暗,只是因为我们没有发现星光与明月;人生之所以绝望,只是因为我们没能找到生活的精神支柱。须知"世界上没有绝望的处境,只有对处境绝望的人"。

生活就像那暗无天日的房间,时时将我们困锁其中。然而生活之所以陷入绝望,不是因为阳光被乌云困住了脚步,而是我们未曾挪动步子去打开窗户。我们只看到了黑暗中的一无所有,却从未想过要找到窗户,也从未想过窗户外的阳光、空气以及美丽风景。

人生多走一步、少走一步,表面上也许并没有什么,但往往是这一步,决定了天堂和地域的界限。当我们看不到方向,也看不到未来时,不要轻易放弃希望,也许在下一秒钟,你的人生就会有转机,在下一个转角就会等到心爱的人,通过下一次努力就会让自己的生活起死回生。**我们要抱有坚定的信念:人生最美的风景、生活最大的惊喜,总是被遗忘在那最深的绝望处。**

人生的路深深浅浅,幸福的门开开合合,我们常常会觉得自己已经走到了无路可走的绝望境地,不会有那峰回路转,没有那柳暗花明。然而当我们淡然而望,却常常会发现原来这绝望中竟会有生机盎然,原来人生的最豁达明朗处,竟会在此时此刻此地此景之中。

人生最大的失误不是一无所有,而是陷入绝境;人生最大的失误不是陷入绝境,而是对脱离绝境的彻底绝望。人生坠入谷底时,低头也许阴沉昏暗,但仰首时已是满目星光。

心灵悄悄话

严格说来,:"偏见只是一个无知的孩子",只是一个惯性思维所犯下的经验性错误,所以我们应该以优雅淡定的姿态来对待别人犯下的小错误,对待生活中的这一点儿不公平,而无须把事情想得太复杂,更无须对别人的偏见抱有敌意。每个人都有可能会被别人扣错第一颗扣子,但是我们没有必要为此扣错余下的所有扣子。

第二篇　淡定面对虚妄的名利

　　所谓的淡泊之心即淡定之智，它表明一个人在生活中将名利看作过眼浮云，不刻意去追求过分的享乐与利益，得亦不喜，失亦不忧的处世态度。在多数人都在为获取名利争得你死我活的现代社会，培养一些淡泊的心智不失为一种明智之举。人的需要其实是很低的，人的无限欲望是不理智的，人们只有放下过分、过强的欲望，才能让自己被重重压迫的心灵得到舒缓和解放。不要随意放纵自己，不要轻易被各种诱惑所蒙蔽，坚持自己的方向与计划，管理好自己的人生，否则，你很可能因为贪图眼前的名利而损失掉生命中真正的财富。

名利浮云，知足常乐

人类70%的烦恼都跟名利有关，而人们在处理名利时，却往往意外地盲目。

——《快乐的人生》

一个人如若具备看淡名利的人生态度，那么面对生活，他也就更易于找到乐观的一面。他所看到的是人生值得讴歌的部分，而对可望而不可即的空中楼阁没有兴趣。

自古以来，功名利禄就是一些人的人生奋斗目标。**纵观古今，在这个世界上，春风得意、踌躇满志的人毕竟还是少数，历史上留下来的更多的还是众多为名和利所困扰、所击败的悲剧。**生活的道路本来是很宽阔的，人生的价值也并不全是能够用名和利来衡量的，因此，若想活得轻松自在些，你就应该看淡名利，活出生活的本色。

如果一个人心中的欲望是很有限的，那么对于他来说，外界获得的东西是多是少都与自己无关，少了不足以产生内心的不平衡，而多了也不会助长他的欲望。而假若一个人心中时刻充满着无尽的欲望，那么他永远不会有舒心的时候。名轻利少则一心想着往上爬、挣大钱，名成利收之后，欲望却又会再一次膨胀。如此循环下去，永远追求着名利，直至生命的尽头仍然不知满足。这样的生命还能有多大意义呢？

现代人面对着花花绿绿的精彩世界，更应当有淡名寡欲的思想，如此方能在纷繁的世界里，在众多的不公平中，在自己的心中，构筑一片宁静的田园。

要能够在纷繁的大千世界始终保持着平和的心态，就要有穷通达观的人生态度。所谓穷通达观的人生态度就是指"穷亦乐，通亦乐"：身处贫穷

27

之中能够找到生活的乐趣,感到快乐;身处富裕之中也能够心态平和,享受生活之乐。说到底,在生活中我们应该始终保持乐观的生活态度,采取一种顺应命运、随遇而安的生活方式,那么不管是处于顺境还是逆境,我们都能过快乐的、自由自在的生活而不会庸人自扰,不会羡慕那些有钱的大款和老板,不会抱怨自己的命不好。

一对夫妻年轻时共同创业,到了中年终于小有成就。公司净资产一千多万元,而且发展势头良好,提起这对夫妻档,商界的朋友都伸大拇指。然而就在他们的事业如日中天的时候,两人却隐退了,他们辞去了董事长、总经理的位置,将大部分股份卖给一个他们平时就很欣赏的企业家,将房子和车委托给好朋友照管,两个人潇洒地环游世界去了。消息传出后,大家都觉得太可惜,一些亲戚朋友也不理解,讽刺他们说:"年纪这么大了,办事却像小孩子一样,那么大的家业说丢就丢,放着好好的老总不做,偏要去环游世界!"

在一些人眼里,这对夫妻确实很傻,竟然抛下名利,从此以后,他们再也体验不到当老总前呼后拥的风光、大把大把赚钱的乐趣了。其实,这对夫妻自有他们对生活的理解和选择,他们抛弃了虚名浮利恰是要感受生活的真正乐趣。

名望,是一种荣誉,一种地位。有了名望,通常可以万事亨通,光宗耀祖。名望这东西确实能给人带来诸多好处,因而不少人为了一时的虚名所带来的好处,会忘我地去追求名。

然而,**沉溺于名望会让你找不到充实感,让你倍感生活的空虚与落寞**。尤为可怕的是,虚名在凡人看来往往闪耀着耀眼的光芒,引诱你去追逐它。尽管虚名本身并无任何价值可言,也没有任何意义,但是总有那么一些人为了虚名而展开搏杀。真正体会到生命意义、人生真谛的人都不会过于看重虚名。其实,实在没有必要为了得到一个毫无价值、毫无意义的虚名而去钩心斗角,弄得邻里打得头破血流,朋友反目成仇,兄弟自相残杀。

毋庸置疑,钱,是一种财富,是让生活更加舒适的保证。有了钱,就可以住豪宅,开名车,吃大餐。在一些人眼里,金钱甚至是一种带有魔力的,

淡定——动如流水静如玉

28

可以让人为所欲为的东西。

然而任何事情都有相反的一面,金钱也会给你带来很多麻烦。比如有了钱以后,你就得为自己的安全担扰,谁知道哪个家伙是不是正打着"劫富济贫"的算盘;有了钱,你就会失去很多朋友,你可能会担心对方是不是冲着你的钱来的……

人的一生面临许多关卡,许多事情都是难以预料的。不管是名分、地位,还是财富,都不是自己所能决定的。或许高官厚禄、巨额钱财在顷刻之间就会离你而去,荣耀风光成为黄粱一梦。一些人老谋深算,为了争名夺利,不择手段地算计他人,可在突然之间却已被他人算计。人何必活得这么辛苦,又何必活得这么虚妄? 因此,淡泊名利是人生幸福的重要前提。**如果你渴望轻松,渴望真正地获得生命的意义,那么你从现在起,就把名利看得淡一些,满足现状是最具理性的处世智慧。**

所谓的现状,就是一个人所拥有的,已经相对稳定了下来的生存和生活状况,它是现实对你的人生暂时的框定,你要是刻意地去打破它,就是在与现实进行碰撞。

美国人艾迪·雷根伯克在探险时,与他的同伴迷失在浩瀚的太平洋里,他们毫无希望地在救生筏上漂流了21天之久。艾迪说:"我从那次经验里所学到的最重要的一课是:如果你有足够的新鲜的水可以喝,有足够的食物可以吃,你就绝不要再抱怨任何事情了。"后来,艾迪在他浴室的镜子上贴上了这样几句话,好让自己每天早上刮胡子的时候都能看到:

人家骑马我骑驴,

回头看看推车的,

比上不足,比下有余。

知足,是对欲望的一种理性的审视。俄国作家契诃夫对知足常乐有深刻的体会,他说:"为了让内心不断感到幸福,甚至在忧伤悲愁的时候也不变,那就需要善于满足现状。高兴地体会到'本来事情可能更糟'。**如果你有一颗牙疼起来,那你就要欢欢喜喜,因为你不是满口牙都疼。你手上扎了一根刺,你要高兴地喊一声:'幸亏不是扎在眼睛里!'"**

红尘滚滚，步履匆匆。为名来，为利往，为一日三餐奔波。浮躁的心难得被什么打动。不经意间，听到一个平淡却可以震撼心灵的故事。

一对年已耄耋的夫妇，女的因偏瘫长年卧床，男的亦患上轻度的老年痴呆症。每天，做丈夫的总是坐在妻子的床旁，默默地陪伴着老妻，偶而说上几句话；做妻子的则总是抓住丈夫的一只手，无言地摩挲着。

到了吃饭的时间，丈夫就会搀扶起妻子，走到饭桌边，和儿子一家共同进餐。老妇人如果不慎呛一下，就会有一只布满老年斑的大手轻轻拍拍她的背……吃过饭，两位老人就手拉手地在沙发上小坐，看着儿孙们收拾饭桌。一日又一日，老人们就这样和儿子一家过着清贫的生活。

黄金万两又怎样？从这对老夫妇平常的生活中，我们不难读出他们在几十年沧桑岁月中相濡以沫的幸福。

心灵悄悄话

如果一个人心中的欲望是很有限的，那么对于他来说，外界获得的东西是多是少都与自己无关，少了不足以产生内心的不平衡，而多了也不会助长他的欲望。而假若一个人心中时刻充满着无尽的欲望，那么他永远不会有舒心的时候。名轻利少则一心想着注上爬、挣大钱，名成利收之后，欲望又会再一次膨胀。如此循环下去，永远追求着名利，直至生命的尽头仍然不知满足。这样的生命还能有多大意义呢？

淡定——动如流水静如玉

上下从容，远离虚荣

每个人在一生中都会有得意或失意，对待两种不同境况的态度也是检验一个人处世态度的标准。

当我们在台上的时候，要做好下台的准备；如果我们在台下的时候，就应该随时准备上台。

人生是一个大舞台，没有人永远在台上，也没有人永远在台下，只是时间的长短而已，唯有把握住上台时演出的角色，演什么像什么，扮好自己的角色，那么不管是主角或者是配角都是值得鼓掌的。

所谓的在台上就是自己享受名利的时候，是被人所羡慕的时候，如果你在台上，应努力扮演好自己的角色，尽自己的责任；所谓的下台就是人生不如意的时候，是当凡人的时候，这时，也不必感叹，不如做个最好的观众，给予台上的人热情的掌声。

在台上，固然是众所瞩目的所在，但是所受的压力较大，且容易成为被攻击的目标；在台下，虽然无法光芒四射，但若能沉潜自得，倒可明哲保身，不必成为别人的箭靶。要留在台上或者是走下台，的确考验着每个人的智慧，但是有时候要上台或是下台，也不是自己所能掌控的，有时是环境使然，有时是"人在江湖身不由己"。

台上也许风光，但是没有永远不凋谢的花朵，常青树固然可喜可贺，也要随时做好下台的准备。唯有懂得何时上台，何时应该下台的人生哲学，才能在社会上找到安身立命的处世原则。

纵观一个人的人生道路，大都呈波浪起伏、凹凸不平之状。 但是，当一个人集荣华富贵于一身时，他是否想到会有高处不胜寒的危机、有长江后浪逐前浪的窘迫呢？好吧，那就不要过分贪恋巅峰时的荣耀和风光，趁着巅峰将过未过之时，从容地撤离高地，或许下得山来还有另一番风光呢！

有一个拳手,在连续获得203场胜利之后却突然宣布退役,而那时他才28岁,因此引起很多人的猜测,以为他出了什么问题。其实不然,这个拳手无疑是明智的,因为他感觉到自己运动的巅峰状态已是明日黄花,以往那种求胜的意志也迅速落潮,这才主动宣布撤退,去当了教练。应该说,他的选择虽然有所失,甚至有些无奈,然而,从长远来看,却也是一种如释重负、坦然平和的选择,比起那种硬充好汉者来说,他是英雄,因为他毕竟是消失于人生最高处的亮点上,给世人留下的是一个微笑。

因此,做一个明智的人,既然"拿得起"那颇有分量的光环,也同样应当"放得下"它,从而使自己步入柳暗花明的新天地,做出另一种有意义的选择。这样,我们又有什么惆怅或遗憾的呢?

人生旅途中,总会遇到某些不得已的情况而不得不"放下"的时候。比如,一个人到了年迈体衰时,就有突然遭遇"被剥夺"辉煌的可能,这当然也是考验人如何对待"拿"和"放"的时候。

美国第一位总统、开国元勋华盛顿连任一届总统后便坚持不再连任。他离任时,坦然地出席告别宴会,坦然地向人们举杯祝福。次日,他又坦然地参加了新任总统亚当斯的宣誓就职仪式。然后,他挥动着礼帽,坦然地回到了家乡维农山庄。这一瞬间,却给历史留下了永恒的光彩。

英国著名科学家赫肯黎,因其卓越的贡献而享有崇高的声望,然而,到了80岁时,赫氏不得不考虑放弃解剖工作时,他毅然辞去了所任的教授、渔业部视察官等职务。最后,他还辞去了一生中最高的荣誉职务——英国皇家学会会长。不难设想,此时赫肯黎的心情何其沉重、心绪多么复杂,他甚至在发表了辞职演说后对友人这样说:"我刚刚宣读了我去世的官方讣告。"

尽管如此,他毕竟如此"放下"了,在没人强迫的情况下如此"放下"了。一个职务,一种头衔,自然意味着一个人在社会上所取得的成就和地位,它的意义是不言而喻的。然而,华盛顿和赫肯黎都有"拿"上了自身地位最高的辉煌,可他们又都主动"放"下去了。一位名人说得好:"重要的并非是你拥有了什么,而在于你忍受了什么。"以坦然和克制的态度去承受离任或离职之"放"的人,应该说他活出了一份潇洒与光彩,活出了一种落落大方的风范。

生活中,一个人有可能遭遇到这样一些情形:人生——无论功绩或是职务——并未达到最佳状态和最高峰,却因为意外地遭受到某种打击,迫使人去直面"放下"的窘迫。这时候,最重要的也许是尽快学会如何"爬起来"。"跌下去不疼,爬起来才疼",这就是痛定思痛的一种表现了。**反思固然必要,可是,如若长久地斤斤计较于"痛"上面,那就反而作茧自缚、手足无措了。**

美国南北战争时期,南军的主将罗伯特在投降仪式上签字以后,心情十分沉重。他默默地回到弗吉尼亚,避开了所有的公共集会及所有爱戴他的人们。后来,他又默默地接受了政府的邀请,出任华盛顿学院院长一职。不耽于沮丧与懊悔,一切复兴家园的"战役"始终在默默地进行之中。应该说,罗伯特是明智的,他懂得:"将军的使命不单单在于把年轻人送上战场拼杀,更重要的是教会他们如何去实现人生价值。"看来,罗伯特是真正弄懂了如何在"放得下"中实现自己价值的人,这情形恰如爱因斯坦所说的那样:"一个人真正的价值,首先在于他在多大程度上和什么意义上从自我中解放出来。"像罗伯特那样跌倒之后又爬起、"拿起"之后又"放下",这里面的大勇气和大坦诚是令人钦佩的。

我们如果有心留意一下现实的生活,就不难发现:初次见面的两个女人,在相互打招呼的瞬间,就会将对方从头到脚打量一遍,以确定对方的价值。比如对方的饰品、服装以及携带物,都是可以评估的对象。如果哪位身上佩戴着金项链或钻戒的话,那就会更加认真地"研究"一番,以确定它是真品还是赝品,价钱多少等。

一天,两位穿戴华丽的夫人,在豪华的商场珠宝行相遇了。一位夫人说:"你瞧,这颗蓝晶晶的钻戒真漂亮,我打算买下来。你呢,看中哪一款了?""哦,那好啊。但我却不打算买,并不是这些珠宝不够漂亮,我是看它们好像有些灰尘,一定是摆的时间太久了。"另一位夫人回答:"没关系,我家里有昂贵的法国红酒,买回去清洗一下就行了。""哎哟! 你还要用红酒来清洗呀? 真是太麻烦了。我的珠宝只要一沾了灰尘,就扔掉了!"

这个故事生动地反映了两个女人爱慕虚荣的心理：一个用买钻戒来表现自己的富有，用昂贵的红酒清洗来炫耀自己奢侈的生活；而另一个则表示自己的钻戒沾了一点灰尘"就扔掉"，并以此来表明傲气与富有。可见，两人的"虚荣情结"是多么的深刻。

心理医生告诉我们，预防虚荣行为，要及时进行自我心理纠偏。如果个人已经出现自夸、说谎、嫉妒等病态行为，可以采用自我心理训练。就是给自己施加一定的自我惩罚，如用套在手腕上的皮筋反弹自己，以求警示与干预作用。久而久之，虚荣行为就会逐渐消退。

虚荣给人们带来的麻烦是有目共睹的，所以我们要扯掉那一层华而不实的外衣，千万不要成为虚荣的奴隶。

如何克服虚荣的心理？

1. 提高自我认知，正确认识自己的优缺点，分清自尊和虚荣的界限。

要懂得诚实、正直是做人最起码的要求，我们绝不能为了一时的心理满足而扭曲了心灵。而一个人只有做到自尊自重，才不至于在外界的干扰下失去人格。所以，我们要珍惜自己的人格，崇尚高尚的人格就可以使虚荣心没有机会占据上风。

人应该追求内心真实的美，不图华丽的虚名。一个人追求真实，就不会通过不正当的手段来炫耀自己，就不会徒有虚名、华而不实。很多人能在平凡的岗位上做出不平凡的成绩，就是因为有自己的理想。同时，要正确评价自己，既要看到自己的长处也要看到自己的不足，时刻把实现理想作为主要的努力方向，就不会心有杂念。

2. 还要树立正确的荣辱观。

对荣誉、地位、得失、面子要持有一种正确的认识。一个人活在世界上要有一定的荣誉与地位，这是心理的需要。每个人都应十分珍惜和爱护自己的荣誉与地位，但这种追求必须与个人的社会角色相一致，才不会出偏差。关于"面子"不可没有，也不能强求，如果"打肿脸充胖子"，过分追求荣誉来显示自己，就会使自己的生活过的很不舒服。

3. 要认识到虚荣所带来的危害。

一些虚荣心很强的人，往往都意识不到自己的虚荣，不肯承认自己的

淡定——动如流水静如玉

虚荣行为,所以很难克服虚荣。要清楚虚荣是一种虚假的荣誉,它可能得到一时的满足,填补一下内心的空虚,却解决不了根本问题。但你会为它背上沉重的包袱,并时刻担心怕失去它,如此一旦失去,就会痛苦不堪。

4. 做人要脚踏实地,养成实事求是的作风。

过于虚荣的人往往都情绪不稳,能满足虚荣心时就有很高的热情,一旦虚荣心得不到满足,情绪就会一落千丈。因此,克服虚荣心要从实际出发,踏实工作,培养锻炼自己的真才实学和良好的心理素质,才能挣脱虚荣的魔咒。

5. 攀比也是诱发虚荣的一个主要原因。

如果一味地去跟他人比较,心理永远都无法平衡,反而会促使虚荣越发强烈。所以,要正确对待别人的评价,正确看待他人的优越条件,以此作为自己前进的榜样。要通过自己的实际努力来满足自己的需要。只有自信和自强,才能不被虚荣心所驱使,才能成为一个有高尚品格的人。

心灵悄悄话

做一个明智的人,既然"拿得起"那颇有分量的光环,也同样应当"放得下"它,从而使自己步入柳暗花明的新天地,做出另一种有意义的选择。千万不要成为虚荣的奴隶。克服虚荣的心理,提高自我认知,正确认识自己的优缺点,分清自尊和虚荣的界限。要懂得诚实、正直是做人最起码的要求,我们绝不能为了一时的心理满足而扭曲了心灵。

看淡财富，幸福常在

虽然我们不可能改善我们的经济情况，但我们可以改进心理态度。且让我们记住，即使我们拥有整个世界，我们一天也只有吃三餐，一次也只能睡一张床——即使是一个挖水沟的工作也可如此享受。

人的需要其实是很低的，人的无限欲望是不理智的，人们只有放下过分、过强的欲望，才能让自己被重重压迫的心灵得到舒缓和解放。

人生在世，尽自己的能力为自己也为他人创造幸福，或创造自己最满意的生活，这是合情合理的。但我们在为理想而拼搏的时候，也必须正视这样的事实：拼搏归拼搏，现实归现实，两者之间的反差也是较大的。每个人都在拼搏，但并不一定每个人都能得到最满意的结果。**我们每个人都必须有勇气，有一个好心态接受自己努力的结果，哪怕是较差的结果，知足常乐才是最主要的，其他的都是无所谓的。**

相传宙斯结婚时，举行盛大宴会，招待所有的神及所有的动物，但乌龟没有出席。过后宙斯问乌龟为什么不来赴宴，乌龟回答说，我家里虽然没有醇酒美食，华衣乐舞，更没有豪华的宫殿、气派的居所，我也享受不过来那么多好东西，但我觉得在家挺好的，所以没去。

听了乌龟的这番回答，宙斯气愤至极，就罚乌龟永远驮着他的家行走。

乌龟的好友不解地问："你怎么就不悲伤呢？"

乌龟答道："我拥有这么美好的一个家，我的老父老母虽然好几百岁了，可他们的身子骨还硬朗着呢！再活上百八十年也没有问题；我的一双儿女虽然年幼，但他们聪明伶俐，将来一定会有出息；我的妻子虽然偶尔会有些小病，但她坚强乐观，待公婆也特别孝顺；我吃的虽是粗茶淡饭，但都清洁卫生，新鲜可口；我穿的虽然不是油亮毛皮，但是结实耐穿；我的生活

淡定——动如流水静如玉

36

每天都能面对阳光,面对清泉……老天待我不薄啦!我还不知足吗?"

动物们听了这一席话,不禁充满羡慕地叹道:"说的有道理。"

生活中常能看见抱怨的人,愁眉苦脸的人。他们那种追求物质享受的无穷欲望,使他们成为财富的奴隶。买了大房子还想买更大的房子;小汽车换了一辆又一辆;家具换了一套又一套!那无限膨胀的对财富、对权利的欲望,影响了健康、爱情、婚姻、家庭及快乐,整天为此疲于奔命,寝食难安,带来无限的烦恼。更有甚者,忙碌中也达不到目的,就铤而走险,采取违法手段来满足欲望。

反之,**生活中坦然、快乐的人倒是那些出入平常居室的人,他们没有尔虞我诈,没有卑躬屈膝,生活的倒也安稳。**

有这样一个故事可以反映出这样两种心态的差异。

曾有两个墨西哥人沿密西西比河淘金,到了一个河岔分了手,因为有个人认为:阿肯色河可以掏到更多的金子,而另一个人认为:去俄亥俄河发财的机会更大。

十年后,去俄亥俄河的人果然发了财,在那儿他不仅找到了大量的金沙,而且建了码头,修了公路,还使他落脚的地方成了一个大集镇。现在俄亥俄河岸边的匹兹堡市商业繁荣,工业发达,无不起因于他的拓荒和早期开发。

而进入阿肯色河的人似乎没有那么幸运,自分手后就没了音讯。有的说已经葬身鱼腹,有的说已经回了墨西哥。

直到50年后,一个重2.7公斤的自然金块在匹兹堡引起轰动,人们才知道他的一些情况。当时,匹兹堡《新闻周刊》的一位记者曾对这块金子进行跟踪,这位记者写道:"这颗全美最大的自然金块来源于阿肯色,是一位年轻人在他屋后的鱼塘里捡到的,从他祖父留下的日记看,这块金子是他的祖父扔进去的。"

随后,《新闻周刊》刊登了那位祖父的日记。其中一篇是这样的:"昨天,我在溪水里又发现了一块金子,比去年淘到的那块更大,进城卖掉它吗?那就会有成百上千的人拥向这儿,我和妻子亲手用一根根圆木搭建的棚屋,挥洒汗水开垦的菜园和屋后的池塘,还有傍晚的火堆,忠诚的猎狗、美味的炖肉、山雀、树木、天空、草原,大自然赠给我们的珍贵的静逸和自由都将不复存在。我宁愿看到它被扔进鱼塘时荡起的水花,也不愿眼睁睁地望着这一切从我眼前消失。"

要知道,18世纪60年代正是美国开始创造百万富翁的年代,每个人都在疯狂地追求金钱。可是,这位淘金者却把淘到的金子扔掉了,有人认为他是傻瓜,直到现在还有人在惋惜。可事实上,这个人才是真正的智者,是真正淘到金子的人。

财富和幸福两者不是等同的,如果一个渴望幸福的人却把追逐的对象放在了财富上,即使他追到了自己生命的尽头,他也不会看到幸福是什么样。

"拥有金钱,并不等于拥有幸福;而要想拥有幸福,却必须拥有金钱"。"金钱并不能买来一切,比如再多的金钱也未必能买来知识、健康、快乐、爱情、幸福"。无论正反对错,诸如此类的格言无不是在表明同一个问题:金钱与幸福之间存在着密切关系。

财富与幸福是两个完全不同的概念。然而,在经济飞速发展的当代社会,有相当一部分人给二者画上了等号。那么,金钱究竟在幸福参数中占有什么样的位置?是不是有金钱就会有幸福呢?这一直是人们争论不休的话题。

在财富与幸福关系的数据分析中发现:"衣食足"的人群中,财富的多寡,与主观幸福体验没有多大关系。或者说,在达到舒适温饱之后,财富的增加所带来的幸福感会越来越弱。正如一个研究者所形容的,开奔驰上班的人,并不一定比坐公车上班的人幸福很多。可见,财富和幸福感是不成比例的。财富虽然是人人向往的东西,但财富未必意味着绝对的幸福。

也许人人都想过这样一个问题:挣钱是为了什么?这似乎是一个再简单不过的问题了,所有人肯定会毫不犹豫地脱口答出:"为了改善自己的生存条件;为了生活得更好、更幸福。"俗话说,有钱能使鬼推磨,但是有钱真的就能幸福吗?

美国宾夕法尼亚大学的格伦·法尔博和哈佛大学的劳拉·塔赫曾做

过一项调查研究。他们选取了两万名美国公民，从 20 岁到 64 岁不等，从年龄、家庭收入、健康状况、文化水平、种族和婚姻状况等众多因素入手进行了研究。最终他们发现，主宰人们幸福的最主要的因素是健康，其次才是金钱与家庭状况。

心理专家研究发现：在影响人们幸福的因素中，金钱只起到 1/5 的作用，在构成美好生活的成分中，它所起的作用则是 1/6。伊利诺伊大学心理学家的一项研究显示：中大奖的人在他们交好运一年以后，会变得比以前更加不快乐。还有许多对中奖者的调查表明：突然间得到大量的金钱并不会使人幸福。当过了中大奖带来的新鲜期，他们反而会陷入不安之中，而且他们的生活也会遭到一定程度地破坏，比如与朋友之间产生隔阂，与家人吵架，对奢侈的生活不适应等。因此，并不是只有富翁才有资格获得幸福快乐的生活，因为快乐感和满足感取决于相对的富有，来自于对比中的优越。也就是说，你只要比周围的邻居们更富有一点，你就更容易感到幸福。

是的，有舍有得，在你获得财富的同时，定会失去一些东西。**一些过分追求物质财富的人，往往富了口袋，穷了脑袋，表面上看整天生活在灯红酒绿的环境下，貌似快乐，实则空虚。**所以，对于财富，我们的态度决定了生活的质量。在获得一定的财富后，做财富的主人而不是财富的奴隶，才能得到幸福。

心灵悄悄话

人生在世，尽自己的能力为自己也为他人创造幸福，或创造自己最满意的生活，这是合情合理的。但我们在为理想而拼搏的时候，也必须正视这样的事实：拼搏归拼搏，现实归现实，两者之间的反差也是较大的。每个人都在拼搏，但并不一定每个人都能得到最满意的结果。我们每个人都必须有勇气，有一个好心态接受自己努力的结果，哪怕是较差的结果，知足常乐才是最主要的，其他的都是无所谓的。

过度虚荣，迷失自我

不要随意放纵自己，不要轻易被各种诱惑所蒙蔽，坚持自己的方向与计划，管理好自己的人生，否则，你很可能因为贪图眼前的名利而损失掉生命中真正的财富。

追求名利常常成为虚荣者的生活目标。

所谓的虚荣，即表面上的光彩。虚荣心是指追求、爱慕表面上光彩的思想、心态、观念和意识。**一个人如果只追求表面的光彩，只能得到一时的满足，而将自己的心拖入永久的疲惫中。**

很多虚荣的人，都认为工作一定要比别人好、工资要比别人高、人脉要比别人广、升职要比别人快、衣服要比别人贵、房子要比别人大、吃的要比别人讲究、用的要比别人高档……可是要样样都比别人好，就必须比别人付出更多的努力。如果一个人将所有的精力和时间浪费在没完没了的比较当中，带给他的只能是心情越来越紧张和焦躁，感觉越来越累，快乐也越来越少。

虚荣固然可以让我们荣耀一时，但是，你需要付出多少来为这一时的灿烂埋单呢？莫泊桑的小说《项链》描写了这样一个故事。

玛蒂尔德是一个漂亮的女子，但是出身贫寒。因为长得漂亮，所以她认为，只有王子、香水和昂贵的珠宝才能与她相匹配。然而，现实却捉弄了她，她最终嫁给了一个小职员。

但是，玛蒂尔德并不甘心，她对贵夫人的生活心驰神往，总是渴望自己能够穿上一件漂亮的长裙，再戴上一条美丽的钻石项链，她认为，只要她拥有这些，完全可以使上流社会的小姐和夫人们黯然失色。

终于，她等到了一个绝佳的机会。有一次，她被邀请去参加公共教育

淡定——动如流水静如玉

部长和夫人举行的盛大晚宴。为了能让自己成为宴会的焦点，她的虚荣心疯狂地膨胀了起来。她买了件新衣服，化了精致的妆容，还特地从朋友莱斯蒂太太那里借来了一条钻石项链。一切准备就绪，只等着晚会的时候大放光彩。

果然，她成为了晚会上最出众的女人。晚会后，她仍陶醉于被人仰望的快感之中，久久不能自拔。当她对着镜子卸妆时，赫然发现脖子上的钻石项链不见了，怎么找也找不到。

后来，她和她的丈夫开始省吃俭用，辛苦工作，用了整整 10 年的时间才挣够了赔偿这条钻石项链的钱，而那晚光彩照人的玛蒂尔德早已变得苍老憔悴。

玛蒂尔德为自己一时的虚荣赔上了自己一生的青春和幸福，这是得不偿失的。可见，**虚荣是人生的一大悲哀**。人生很短暂，真正属于自己的快乐更是珍稀，为何还要为了迎合别人而改变自己呢？为什么不能为了自己真实而快活地活一次呢？而且，人的价值是靠实力来支撑的，并不靠靓丽的外表来体现。

美国文化精神领袖爱默生曾告诫年轻人：**"幻想成功、追求名誉无可厚非，但更重要的是脚踏实地的精神。"**他说："当一个人年轻时，谁没有空想过？谁没有幻想过？想入非非是青春的标志。但是，我的青年朋友们，请记住，人总归是要长大的。天地如此广阔，世界如此美好，你们需要的不仅仅是一对幻想的翅膀，更需要一双踏踏实实的脚！"

用低调对待名利，一个低调对待名利的人，所得到的不仅仅是更加和谐巩固的人际关系，同时还能使自己的思想境界更开阔，原本是低姿态做人，却能以高价值收取回报。

在这个物欲横流的年代里，许多人都将自己的人生模式设定为加法和乘法，恨不得将世界上所有美好的东西都揽入自己怀中。由于心中的欲望不断膨胀，人们自然而然地希望自己能够拥有更多：财富越积越多、名声越传越响、地位越攀越高……在追求利益最大化和名誉超然化的过程中，人们逐渐走入了一个误区，认为什么都是越多越好。

岂不知，无休止地争名逐利，会彻底摧毁我们正常的生活。到那时，我

们就会被囚禁在一个叫作"名利"的笼子里,整天为了"摆脱"而使自己疲惫不堪。

对许多在职场上打拼的人来说,选择用低调来对待名利是明智的,更有可能在无意中将其演变为高回报。当我们为了升职而心力交瘁的时候,不妨停下追逐的脚步,或许在转身的一刹那,生活会为我们开启另一扇门。只要穿过这扇门,我们就能欣赏到更加迷人的风景。

安迪是一家大型IT企业的技术经理。他所在的部门不仅成功培养出十多名精英,包括他在内的五个人更是被公司选定为技术总监的候选人,将接受来自上司长达半年的考核,选出综合素质最高者出任总监。

私下里,很多同事都认为34岁的安迪最具竞争力,他的顶头上司也暗示过他要多加努力。然而,从公司下达选拔令之后,安迪明显感觉到自己与几名竞争者的关系骤然紧张起来,原本亲如手足的伙伴,一下子变成了争名逐利的对手,这是让他无法接受的。

在安迪看来,IT行业吸引他的地方并不在于能升职加薪,而是每天可以做自己喜欢的事情,进一步提升自己的能力,享受同事之间自如和谐的关系。对于名利,他完全不在乎,而那些指挥别人、协调关系等工作更是一种负担。

究竟是接受自己不喜欢的生活,继续追逐更高的职位,还是退一步接着过自己喜欢的生活? 最终安迪做出了一个令所有人吃惊的决定:放弃技术总监的角逐。

这样的放弃在职场中很常见。很多人沿着自己最初制定的职业发展道路狂奔了许久,在分岔路口却突然发现,自己并没有朝着喜欢的方向前进。于是,有些人选择了低调对待,毅然地放弃了那些流光溢彩、华而不实的名利争夺,只留下自己认可的几项核心资产。

如果从职业发展的角度来看,**人的前半生可以说是一个渐近上升的过程**。我们经过对自身的分析,制定出适合自己的职业规划,不断寻求各种能令自己增值的途径,提升自己的价值,积累名誉、地位、薪水以及技术水平等职业资本。**而人的后半生则更像是一个递减的过程。我们需要重新**

淡定——动如流水静如玉

审视自己,制定出一个新的生活规划,减去所有纷繁杂乱的诱惑,减去对财富、名利的追求,减去我们内心不堪重负的欲望,保留相对唯一的价值标准,用来指导自己所有的重大抉择。

对于安迪的决定,公司上下除了一片惊讶的声音之外,更多的是大家对他由衷地佩服。尤其是之前那几位与他竞争的同事,此时也纷纷向他表示敬意。

经过多次协商,上司对安迪的能力赞赏有加,同时也一致认可他的大度、宽容、淡泊名利的精神。为了给予奖励,特别为安迪设立了一个技术顾问的职位。这样一来,他既得到了更多技术研究的资源与权力,也可以专心做自己喜欢的工作,又不必牵扯精力在不擅长的事情上。安迪用低调对待名利的行为,得到了大家的肯定,也给自己带来了巨大的收获,真是皆大欢喜。

如今,低调对待名利的职业生涯已经步入了一个崭新的时代,走在这里的人们不必再为简单的生存愿望而奋斗,而是情愿为某个目标或某个理想去放弃自己已经拥有的东西,将曾经追逐名利的劲头转向人生的另一片领域,去寻找真正适合自己的生活。

时代正以我们难以想象的速度向前发展;社会也正以我们无法知悉的方式,不断变化。行走职场,每个人都有机会去实践自己的梦想。只要目标明确,积极进取,把握方向,用低调来对待名利,才是最明智的选择。

生活中,有着众多的名利,促使人拼搏进取的动力是名利,让人获得体面和尊重的是名利,但同时也要知道,让人失去美好生活甚至是自由的也是名利,因此,对于名利不能不持审慎的态度。

从前有一个渔翁在梦中见到了上帝。

上帝问道:"你有事要问我吗?"

渔翁说:"有,但不知道你是否有时间?"

上帝笑道:"我的时间是永恒的。你要问什么?"

渔翁问:"你认为人类最烦恼的是什么?"

上帝答道:"为名利,他们牺牲自己的健康来换取金钱,然后又牺牲金钱来恢复健康。他们对未来充满忧虑,但却忘记了现在。于是,他们既不生活于现在之中,也不生活于未来之中。他们活着的时候好像从不会死去,但是死去以后又好像从未活过……"

渔翁接着问道:"作为神,你有什么生活经验想要告诉现在的人?"

上帝笑着回答道:"金钱名利乃身外之物,要想活得轻松,就别将名利记在心中。"

人们要知道,**一生中最有价值的不是拥有什么东西,而是拥有健康的心态。**与他人攀比是不好的。富有的人并不是拥有最多,而是需要最少。造物主在把那么多美德赋予了人类的同时,也把名利、是非、金钱得失同时嵌入了人的身体。于是这些固有的心病便成了桎梏与羁绊,成了悬崖与深渊,它们将许许多多的人挡在了幸福的大门之外。

虽然世人都知道名利只是身外之物,但很少有人能躲过名利的诱惑,一生都在追逐名利,甚至为名利而生存。一个人如果不能淡泊名利,就无法保持心灵的纯真,到头来只能得到疲累与无尽的挫折。

世界上著名的科学家爱因斯坦和居里夫人,对大多数人所追求的名声、富贵、奢华都看得非常轻淡,也因此留下了无数的佳话。尽管他们都是国际知名的大科学家,爱因斯坦却说,除了科学之外,没有哪一件事物可以使他过分喜爱,他也不过分讨厌哪一件事物。据说在一次旅行中,某艘船的船长为了优待爱因斯坦,特意让出全船最精美的房间等候他,爱因斯坦却拒绝了。他表示自己与他人并无差异,所以不愿意接受这种特别优待。这种坦然率真的品性,令许多人诚心敬佩。

居里夫妇在发现镭之后,世界各地纷纷来信希望了解提炼镭的方法。居里先生平静地说:"我们必须在两种决定中选择一种。一种是毫无保留地说明我们的研究成果,包括提炼方法在内。"居里夫人作了一个赞成的手势说:"是,当然如此。"居里先生继续说:"第二个选择是我们以镭的所有者和发明者自居,但是我们必须先取得提炼铀沥青矿技术的专利执照,并且确定我们在世界各地造镭业上应有的权利。"取得专利代表着他们能因此

淡定
——动如流水静如玉

获得巨额的金钱、舒适的生活,还可以传给子女一大笔遗产。但是居里夫人听后却坚定地说:"我们不能这么做。如果这样做,就违背了我们原来从事科学研究的初衷。"她轻而易举地放弃了这唾手可得的名利。如此淡泊名利的人生态度,让人们深切感受到她不平凡的气度。她一生获得各种奖章 16 枚,各种荣誉头衔 117 个,自己却丝毫不以为意。有一天,她的一位朋友来她家做客,忽然看见她的小女儿正在玩弄英国皇家学会刚刚奖给她的一枚金质奖章,连忙问她:"居里夫人,那枚奖章是您极高的荣誉,您怎么能给孩子拿去玩呢?"居里夫人笑了笑说:"我是想让孩子从小就知道,荣誉就像玩具一样,只能玩玩而已,绝不能永远守着它,否则就将一事无成。"

两位科学大师的非凡气度为拼命追求名利的世人留下了一面明亮的镜子。一个人如果拥有一颗纯真的心灵,在自己应该做的事情之中尽了全力,他的成就自然而然就会显现出来,他理所当然地可以得到应该得到的人世间的荣耀。**淡泊名利、无求而自得才是一个人走向成功的起点。**

心灵悄悄话

时代正以我们难以想象的速度向前发展;社会也正以我们无法知悉的方式,不断变化。行走职场,每个人都有机会去实践自己的梦想。只要目标明确,积极进取,把握方向,用低调来对待名利,才是最明智的选择。

45

　　古人说：易涨易退山溪水，易反易复小人心。扶人推人都是手，毁人誉人都是口。既然每一个险恶的浪，都会激起浪花，我们为何不能边冲浪边欣赏呢？

　　世界如此现实，善良的人要看透更要看开，不要因为人心险恶而时时提心吊胆，不要因为世态炎凉而处处唉声叹气。怨恨是用别人的错误惩罚自己。

　　与其用尽心机，不如用心做事。境况越险恶，越要内心强大。

　　那些无关紧要的仇恨就忘掉吧，用没有受过伤害的心去拥抱世界、享受生活。

忘掉仇恨，体谅过失

为了一些琐碎的事情，与别人产生矛盾是很不值得的事情，因为憎恨别人是对自己莫大的伤害。与其说是别人让你痛苦，不如说是自己的修养不够。所以，**那些无关紧要的仇恨就忘掉吧，用没有受过伤害的心去拥抱世界、享受生活。**

一个人因为与人发生了口角，心中非常生气，认为自己受到了对方无礼的挑衅和极大的侮辱，于是决定第二天要报复对方。当天晚上，他躺在床上难以成眠，满脑子都是报仇的想法，心中也郁积了一口恶气。但是第二天一觉醒来之后，他却忘记了报仇的事，生活与往常一样，根本没有什么变化。

当他再次见到那个与自己争执的人，才想起来报复的事，然而此时心中已完全没有任何愤怒的情绪；当再次回想起那天发生的事情时，心中不免有些后悔，自己竟然为了这样一件微不足道的小事生了一个晚上的闷气，实在是非常愚蠢。

很多时候，我们都会有类似的经历，因为别人的失误而喋喋不休，因为别人的指责而针锋相对，因为别人的攻击而妄图报复。当我们遇到别人的侵害时，总是习惯做出激烈的反应，毫不犹豫地进行反击和报复，无论事情有多么微小，无论事情最终会怎样发展下去，我们都坚决地亮出身上的刺，寸步不让。

然而事情真的有想象中那样严重吗？我们又是否真的受到了严重的伤害？往往在事后冷静下来回想一下，就会后悔自己冲动和幼稚的表现，其实自己根本没有必要为这样的一件小事大动干戈，也没有必要因为一时的不快而生气动怒。

生活有百分之十是靠你创造的，而有百分之九十是看你如何去对待。

某人有一次乘坐出租车，正行驶在路上，突然，一辆黑色的小汽车从他们前方的一个停车位上冲了出来。出租车师傅猛地踩下刹车，车子侧滑，和另一辆车擦身而过。可那辆黑色小汽车的司机却立马扭头，冲他们大喊大叫。出租车师傅向那个家伙挥了挥手，微笑了下，什么也没有说。

这个人很迷惑，问出租车师傅为什么能这么淡定。

出租车师傅解释说，许多人就像垃圾车一样，他们装载着垃圾——挫折感、愤怒与失望——四处奔跑。当他们的垃圾堆积到一定程度后，他们需要一个地方倾泻。有时候，他们会把垃圾倾泻到你身上。这时，不要把它们接过来。笑一笑，挥挥手，祝他们好运，然后继续前行。别接受他们的垃圾，然后散布给你的同事、家人或是路人。

是啊，我们太容易受别人情绪的影响了。**生命太短暂，不容你早上带着遗憾醒来，所以，"爱善待你的人，而为没有善待你的人祈祷"。**

有位作家说过："我们常常为一些应当迅速忘掉的、微不足道的小事所干扰，并且失去理智。我们活在这个世界上只有几十个年头，然而我们却为了无聊琐碎的事情，而白白浪费了许多宝贵的时间。"其实人生的是是非非就像梦境一样，到头来终究会成空，不过是一场无意义的争执而已，根本没必要让它留到天亮，没有必要记挂在心中难以释怀。

是非恩怨转头成空，何必执着地抓住不放呢？为了争一口气、争一个面子，执着地追逐身外之物，有什么价值？其实，根本不值得去计较太多，是是非非也当举重若轻，无须放在心上。**鲜花不会因为风凋零了一片花瓣，而在来年索要丢失的花苞，也决然不会记住了这无意义的仇恨，否则来年必定开不出娇艳的花来。**

清代的张廷玉曾经说："余每当事务丛集、繁冗难耐时，辄自解曰：'事更有繁于此者，此犹未足为繁也。'则心平而事亦就理。"一个人要发怒的时候，也应该这样去想，这样一件小事与其他大事比起来根本不值一提，因此没有必要去斤斤计较，让自己不舒服。人生纵使有天大事，其实总是平常，任它横冲直撞，任它风雨飘摇，决然不入心中。

很多时候，人之所以会动怒只是因为我们太过敏感，太容易把事情想得过于复杂了。我们习惯于过分夸大自己所遭受的伤害,习惯于给自己增加更多反击的理由和借口,而这样的举动往往会让自己陷入更加尴尬的境地。有人说:**"生命的长度是上帝赐予的,而生命的宽度则是自己去把握和控制的。"**为一件小事就轻易动怒的人只会把自己逼入更狭隘的道路上,难以自拔。

幸福就是端在手中的一碗水,如果因为不小心溅出了几滴水而轻易动怒,那么就有可能打翻一整碗水。当你把别人的错误当成一件小事看待时,对方也就会忽略掉这个微不足道的小插曲。当你大动干戈时,坏情绪也会传染到对方身上,对方也会因此将它当成一件与自身利益休戚相关的大事来对待,那么双方的矛盾就有可能因为一件小事而激化。

人生恰如潮水,我们总是浮躁地认为潮来潮往会是一种伤害和侵犯,也许会给沙滩留下永久的伤疤,然而当我们以淡定之心来看待时,潮涨潮落不过是对沙滩的一次轻抚,留下的只是平和。**每个人或许都会犯下错误,但我们有理由去相信,这或许只是你我之间一次美丽的小小误会而已。**

每个人都会有生活的难处。当自己犯错时,我们很自然地原谅了自己的过失;而当别人犯错时,我们却紧紧地纠缠住错误不放,千方百计地要讨回一个公道。我们有一千个理由和借口来稀释和解释自己的错误行为,而只需一个理由就能完完全全地将别人的过失定性为"罪恶"。

有位心理学家坐公交车时,被人踩了一脚,当时他没有在意,但是没多久,那个人再一次踩了他。心理学家有些不满,但还是忍住怒火,提醒对方说:"先生,您已经踩了我两脚了。"对方连忙向他道歉,心理学家便没有深究。

然而过了一会儿,对方再次踩到了他的脚,心理学家完全被激怒了,他认为对方是有意捉弄和欺负自己,于是冲着对方大喊:"难道你瞎眼了吗?"对方没有说话,只是羞愧地低下了头。等到公交车到站时,心理学家怒气冲冲地下了车,结果发现那个踩他脚的人拿着一根棍子在慢慢地探路,原来他真的是一位盲人。

我们从来都不愿设身处地地体谅别人的过失,而是草率地将这种错误

当成别人的一种蓄意。 其实人生应该更加豁达一些,要懂得去包容别人的过失,要"以责人之心责己,以谅己之心谅人"。当别人犯错时,我们要懂得去谅解对方,要给予充分的包容。对方之所以这样做一定有特定的理由,我们不应该简简单单地就将对方的错误行为当成习惯性的犯错,然后毫不留情地予以批判和打击。很多时候,我们犯下的是比犯错者更为愚蠢的错误。

古希腊神话中有一位力大无穷的英雄叫海格力斯。有一天海格力斯走在坎坷不平的山路上,发现路的正中间有个袋子似的东西很碍脚,海格力斯便踢了那个东西一脚。谁知道那东西不但没有被踢开,反而因为被踢膨胀起来。海格力斯恼羞成怒,操起一条碗口粗的木棒狠狠砸它,那东西竟然再次膨胀,大到把路都堵死了。

正在这时,山中走出一位圣人,对海格力斯说:"朋友,快别动它,忽略它,离开它远去吧!它叫仇恨袋,你不犯它,它便小如当初;你的心里老记着它,侵犯它,它就会膨胀起来,挡住你前进的路,与你敌对到底!"

生活中,我们每个人难免与别人产生摩擦、误会,甚至是仇恨。有的人心胸狭窄无法容忍一点点误会,那他的人生之路实际上就被他心中的仇恨之剑斩断了。

我们总是抱怨工资给得太少,抱怨自己不被领导重视;抱怨生活太过艰难,抱怨社会太不公平;抱怨爱人不够善解人意,抱怨爱情不够如意。**然而人人都有自己的难处,社会也有它的难处,我们不妨易地而处,自己是否又会比对方做得更好呢?** 很多时候,我们应该多站在对方的角度去考虑问题,对方这样做一定有自己的道理,如果自己遇到这样的问题,又该怎么办?

有时就连最亲近的人也会犯一些错误,他们也会对你造成伤害,但这只是生活的一部分,"谁要求得到一个没有缺点的朋友,那么谁就注定不会有任何朋友"。没有必要整天都抓住别人身上的缺点不放,这样的人活得实在太累。哲人说:"那些整天注意别人缺点的人,他本身就是缺点,因为他没有时间检讨自己,把时间都浪费在注意别人身上。"

大画家毕加索得知有人冒充自己作假画，他淡定地说："作假画的人不是穷人就是老朋友。我是西班牙人，不能和老朋友为难，而且那些鉴定真伪的专家也要吃饭，而我也并没有吃什么亏。"当对方犯错时，不妨假想自己站在对方的角度看问题，也许就能够理解对方的行为，也才会明白自己的狭隘。

我们常常把别人的错误记在心上，不肯轻易放下，用别人的错误来惩罚自己。其实，不要把误会当成犯错，不要把无心之失当成有意为之。**世界或许并不完美，但也没有必要把世界想得太坏；生活也许无奈，但也没有必要把生活看成一无是处**。很多时候，我们需要用更加宽容、更加豁达的眼光来看待人世的浮浮沉沉。

落叶无须去抱怨风的残忍，也无须抱怨树的薄情，要么是自己太过脆弱，要么是秋天已经到来；阳光无须埋怨乌云的阻拦，也无须埋怨风雨的侵蚀，要么是自己的双眼太容易被遮蔽，要么就是人生需要一片雨后的彩虹；星空无须怨恨明月销蚀了自己的容颜，也无须怨恨没能得到一个展示的机会，要么是黑夜还不够深沉，要么是自己还不够明亮；我们也许注定都会有一个爱的伤口，然而无须去愤怒，也无须去指责，要么是尘缘中的一次美丽误会，要么就是对方的深爱无意中的伤害。

当你懂得体谅别人、体谅世界的时候，幸福其实就已经离你越来越近，而一颗能够容纳别人错误的心灵，也必定装得下一个幸福的人生。每个人都希望自己的人生能够更有意义、更富内涵。别人的错误就像是衡量你生命重量的砝码，它计算的不是你承载了多少别人的错误，而是你能包容多少别人的错误。

🦋 心灵悄悄话

人生恰如潮水，我们总是浮躁地认为潮来潮往会是一种伤害和侵犯，也许会给沙滩留下永久的伤疤，然而当我们以淡定之心来看待时，潮涨潮落不过是对沙滩的一次轻抚，留下的只是平和。每个人或许都会犯下错误，但我们有理由去相信，这或许只是你我之间一次美丽的小小误会而已。

习惯感恩，欣赏对手

人生重要的不在于失去多少，而是要看清楚自己拥有多少。对"已拥有"的要珍视，对"已失去"的要看淡。**用感恩的心去面对得失，而不是做生活的索取者。**

英国天才科学家霍金因为患上了卢伽雷病而几乎全身瘫痪，但是他却始终都保持乐观的生活态度。某次，一位记者问他："你不认为命运夺走了你很多东西吗？"霍金微笑着用他还能活动的三根手指在键盘上敲出这样一段文字："我的三根手指还能活动，我的大脑还能思维，我有终生追求的理想，我有爱我的人和我爱着的亲人和朋友。"接着他又打出了第五句话——"对了，我还有一颗感恩的心！"

世界上有人贫困潦倒，也有人大富大贵；有人一生健康，也有人天生残疾；有人处处成功，也有人时时失意；有人好运连连，也有人祸不单行。总有些人会比其他人活得更好，所以贫穷的人抱怨命运让他一无所有，残疾的人抱怨世界夺走了他生活的乐趣，失意的人抱怨机会不曾眷顾自己，不幸的人抱怨被生活遗弃。在不公平的对待中，我们习惯了冷漠地面对整个世界，面对整个人生。

我们常常认为自己一无所有，认为命运对自己没有给予足够的公平，然而世界上最大的悲剧和不幸就是一个人自以为是地说"没人给过我任何东西"。有人认为：**忘恩比之说谎、虚荣、酗酒或其他脆弱的人心的恶德还要厉害。**

有一位单身女子刚搬了家，她发现隔壁住了一户穷人家——一个寡妇与两个小孩子。

有天晚上，那一带忽然停了电，那位女子只好自己点起了蜡烛。没一会儿，忽然听到有人敲门。原来是隔壁邻居的小孩子，只见他紧张地问："阿姨，请问你家有蜡烛吗？"女子心想："他们家竟穷到连蜡烛都没有吗？千万别借他们，免得被他们依赖了！"

于是。她对孩子吼了一声说："没有！"正当她准备关上门时，那穷小孩展开关爱的笑容说："我就知道你家一定没有！"说完，竟从怀里拿出两根蜡烛，说："妈妈怕你一个人住又没有蜡烛，所以我带两根来送你。"

女子自责又感动，不禁热泪盈眶，将那小孩子紧紧地拥进怀中。

若能学会心怀感激，就会减少很多愤怒；只有心怀感激，才会真正快乐起来。若一个人心里只有怨怼，心情自然好不起来。有句话说得好：思之而存感谢。感恩的心为你开创快乐的奇迹。

学会感恩，学会理解爱、给予爱，学会用宽阔的胸襟包容生活。我们不能摒弃这样一种包含真善美的情怀，就像我们无法抛弃生活一样。正因为我们学会了感恩，才会发现生活中有很多感人之处；正因为生活要求我们用感恩的心态去面对，我们才知道生活的意义。

生活在阴暗环境中的人，很难见到外面世界的光明。你的冷漠只会进一步将幸福浪费掉，只会让你不断地陷入失望和绝望的境地。每个人都会遭遇到不幸，但是我们不能因此而忽视掉生活中所得到的幸福。我们因为被雨淋湿而抱怨天上的雨云，然而人生自有那无雨的天空让你躲避，也会有那无雨的时候让心灵放晴。忘却生活中曾经的赐予，就意味着对人生的背叛，这种人是没有什么资格去享受幸福的眷顾的。不要总是想着生活从你手中夺走了什么，而要看到生活赐予了你什么。

我们常常咒骂那些伤害自己的人，然而那些曾经伤害你的人，磨炼了你的心性；那些欺骗你的人，增长了你的见识；那些鞭打你的人，促使你不断奋进；那些绊倒你的人，提升了你的平衡能力；那些诱惑你的人，修行了你的定慧；那些蔑视你的人，帮助你寻回了自尊；那些抛弃你的人，增强了你的独立；那些诽谤你的人，完善了你的人格。只有懂得感恩别人的人，才能够以更加温热阔达的胸怀去迎接别人、善待身边的每一个人。

生活并没有想象中的那样糟糕，人生的境遇也没有想象中的那样坏。每个人都有理由去把握住一个更加美好的人生，只要你善于去发现生活中那点点滴滴的幸福，只要你不曾彻底地放弃对生活的热切追求，只要你不会冷漠地将所有的一切当成与自己无关的身外之物。生活需要一颗感恩的心，这样我们才能发现生活中的美好，才能品味出幸福的味道，才能给自己找到一个幸福的理由。

懂得感恩的人连碰见最陌生的路人，也会把偶然的这一次擦肩当成一种缘分；懂得感恩的人能够淡然地把最不幸的人生及时丢掉，把幸福人生及时找回；懂得感恩的人会把生活的伤害当成一种磨炼，又把生活的赐予当成一种恩惠。因为，懂得感恩的人把不幸当成一次偶然，却把幸福当成一种习惯。

生活并不是公平的。但是，如果冷漠地将幸福拒之门外，那么同样地，幸福也会冷漠地将你拒之门外。那些徘徊在幸福门口的人，那些寻找不到幸福的人，那些将幸福冷漠地置于一旁的人，其实并不缺失幸福，只不过缺失了一颗感恩的心。而感恩之人，必定是一个幸福的守望者。

意识到对手的长处并给予认可，这本身就是对自己能力的一种肯定。**英雄的眼中能够看到英雄，而平庸人的眼中，谁都会是泛泛之辈。**

十个应聘者一同通过了一家公司的初试。在复试阶段，面试官要求每个人轮流上台展示自己的才能，其余九个人则在台下担当评委，负责给台上的选手打分。结果有个应聘者给其中四位竞争对手都打了很高的分数，这让面试官惊讶不已。一般而言，每个人都会尽量将别人的分数压低，从而降低自己的竞争压力，但是这位应聘者显然太过老实了。

面试官疑惑地问他："难道你不想成为最终那个成功应聘的人吗？其他人都把别人压得非常低，你为什么还要给对手这样的机会？"这个应聘者腼腆地笑着说："我当然也想成为赢家，但是他们的确非常出色，我没有任何理由去贬低他们。"面试官不禁感慨地说："庸才看不见别人的才华，只有人才才会看重人才。"

每个人固然都会有缺点，但是每个人也都会有优点，朋友、敌人，或者

淡定——动如流水静如玉

是我们自己，谁都一样。然而面对对手时，我们常常难以给出一个中肯的评价，更多的时候，我们都会情绪化地将对方脸谱化。然而对方真的就一无是处、不堪一击吗？这只不过是自欺欺人罢了，像是一种恶意扭曲对方形象的报复心理，除了证明自己心胸狭隘，根本没有任何意义。

人往往是狭隘的，朋友的缺点再多再大，我们也会将他们当成最值得信赖交往的好人；对手的优点再大再多，我们也会轻易将他们当成恶贯满盈、心胸狭窄的小人。**生活给予了我们发现美的眼光，但是我们往往将它浪费在对缺陷的挖掘上。当我们憎恨或者厌恶某一个人时，他就变得一无是处了。**

然而生活需要我们懂得尊重自己的对手、尊重他的优点。不尊重对手的人，也不会尊重自己。懂得尊重和欣赏对手的人，也是善于看轻自己的人。只有懂得自己只是芸芸众生中的一分子，才不会自高自大、自命不凡；只有通过努力奋斗、开拓进取，才能一步一个脚印地攀登人生的高峰；只有为人谦虚、厚道，才能取得别人的信任和敬重，也更容易取得成功。**欣赏对手也是帮助自己实现价值的一种手段。**

我们外出就餐，常常会看见这样的情况发生：服务生端菜上楼不小心与一位下楼的先生相撞，服务生手中的菜盘掉到地上打个粉碎，菜汤溅到了下楼的客人的裤子或皮鞋上。服务生连忙说："先生，对不起，我给您擦，对不起……"边说边弯下腰来用餐巾纸为这位先生擦裤腿和皮鞋。有些客人一般到这程度也不计较了，但也有的客人不仅不解气，还怒气冲冲地骂："你干什么吃的，长眼了吗？"服务生犹如犯了天大的错一样，还在连声说着"对不起，非常抱歉"！这些客人还不依不饶地要找经理……

很多行为并不是当事人故意的行为，对方已经赔礼道歉了，何不得饶人处且饶人。**从古至今，宽容被圣贤乃至平民百姓尊奉为做人的准则和信念。**生活中我们需要多一些博大的胸怀、不拘小节的洒脱和推己及人的仁慈。

林肯总统的宽容更值得我们学习：

林肯冲破重重阻碍当上美国总统之后，仍留用了一个能力很强的死对头任部长之职，幕僚和随从们都十分不解。

"他是我们的敌人，应该消灭他！"大家愤怒地建议。

"把敌人变为朋友，不是更高明吗？"林肯解释说，"既消灭了一个敌人又多了一个朋友。"

我们可能会为一颗划伤自己的烂钉子而苦恼生气，但是当我们发现钉子上镶嵌着钻石的时候，也许我们就会觉得庆幸不已。生活就是如此，不要因为对你不利就完全地排斥对手存在的合理性。很多时候，我们应该静下心来发现对手身上那些闪闪发光的"钻石"，也许这样我们内心的痛苦就会少一些，因为把别人的缺点放在心上也是一种沉重的负担。

对手的形象也是自我形象的一种反衬，谁会与一个一无是处的人成为对手呢？那才是对自己莫大的侮辱。欣赏甚至于赞美对手的长处，并不会让对方变得更加强大，同时也无损于自己的尊严，更不至于会让自己变得渺小，但却能够让我们的人生更加豁达。

心灵悄悄话

学会感恩，学会理解爱、给予爱，学会用宽阔的胸襟包容生活。我们不能摒弃这样一种包含真善美的情怀，就像我们无法抛弃生活一样。正因为我们学会了感恩，才会发现生活中有很多感人之处；正因为生活要求我们用感恩的心态去面对，我们才知道生活的意义。

淡定——动如流水静如玉

掌控心灵，掌控人生

愤怒时，用嘴伤害人，是最愚蠢的一种行为。而关键在于控制住自己的情绪。**一个能控制住不良情绪的人，比一个能拿下一座城池的人更强大。**

一个小男孩的脾气非常暴躁，每天都会乱发脾气，根本控制不住，只要稍不如意，必定就会大吵大闹，父亲多次劝告他要懂得忍耐，但是效果并不明显。有一次男孩又因为一点儿小事而乱发脾气，父亲就递给他一把钉子，告诉他说："从今天开始，你每发一次脾气就把一颗钉子钉到花园的围栏上去。"小男孩照父亲说的做了。

几天以后，花园的围栏上钉了足足三十七颗钉子。小男孩见到如此多的钉子不禁有些后悔，于是渐渐学会控制自己的情绪，凡事尽量多忍耐一下。没过多久，果然有效果，小男孩发现自己的脾气有了很大的好转，他好久没有往围栏上钉钉子了。这时候父亲告诉他："从今天开始，如果你每忍耐住一次不生气，就可以从围栏上拔下一颗钉子。"

小男孩也照做了。一段时间之后，围栏上的钉子全部被拔出来了，小男孩高兴地叫父亲来看自己的成果。父亲抚摸着他的头说："你做得很好，但是你看看围栏，每当你生气的时候，就会给围栏留下一个伤口，而这些伤口永远都不可能复原了。如果你当初愿意忍耐一下，事情就不会是这样的结果了。"

你在校园里远远地看到一个同学，于是你朝他微笑，看到对方没有反应，你又向他挥手，对方仍旧面无表情。这时候你开始想了：可能是我昨天借他的钱没还，他生气不理我了。这只是你的推断，不代表对方的想法，但你的推断可能使你很生对方的气,于是下次你也不理他了。而实际上那位同学并非你想的那样,也许他只是忘记带隐形眼镜了。

人有七情六欲,如果一个人无论面临大喜或是大悲之事,都没有情绪反应的话,那他可能是得了精神分裂症了。**情绪没有对错、好坏之分,但是有舒服或不舒服的区别**。快乐的时候人会很舒服,想一直拥有这样的情绪;痛苦的时候,就想快点儿摆脱它。不管是悲伤、痛苦、内疚、高兴、愉快……都是我们在生命中会体验到的情绪。

认知可以理解为你是如何看待周围世界和你自己的。发生了一件事,我们的头脑怎样去加工它,怎样去理解它,这就是认知。**扭曲的认知会给情绪、行为以至生活带来不良影响**。反过来,情绪对认知的影响也很大。比如在你高兴的时候,你会认为阳光是幸福的光芒,路边的花朵也特别鲜艳;你不高兴的时候,会认为阳光太刺眼,路边的花也在看你笑话。

工作上,我们不能忍受被人排挤;生活中,我们无法容忍对方的无礼行为;爱情婚姻里,我们容不得自己受到一点儿委屈,但凡一点儿风吹草动,势必要针锋相对。我们常常轻易地被生活激怒,然而我们为何习惯于立刻做出激烈的反应呢? 是为了证明自己有多么坚强,还是为了证明自己不是一个懦弱的对手? 生活固然赋予了反抗这些积极的意义,但是我们需要记住这样一点:**受到侵害的刺猬之所以会本能地立起身上的刺,并不是因为他们有多么坚强,而恰恰显示了它们的脆弱和渺小**。事实上,不能忍受自己受到侵害的人,往往就是最害怕受到侵害的软弱者。

也许我们的反击只是为了确保幸福不被破坏,但生活有时候会给我们一个不怀好意的考验。幸福就像养在温室里的一株小草一样,任凭外表有多么强壮,但是如果扎根太浅,外界的一阵清风就可以将我们的幸福连根拔起。如果我们习惯了帮幸福遮风挡雨,就会导致幸福无法生长得更深。轻易动怒的人无法得到真正稳定的幸福,所以老子说:**"善为士者,不武;善战者,不怒;善胜敌者,不与。"**

做人一定要懂得克制自己的情绪,当我们情绪失控时,往往就失去了幸福的选择权。反之,一个人越是能够忍耐,幸福就越是抓得更稳,也就越能体味到幸福的滋味,因为幸福是苦难后的劫度。草若不能忍耐寒冬,那么就无法保存精力迎接春风的到来;蝴蝶忍受不了破茧的苦痛,那么就没

淡定——动如流水静如玉

有他日的翩翩起舞；河蚌不能忍受沙子入腹的痛苦，那么也就无法造就珍珠。**人生也需要一场蜕变，而这场蜕变往往存在一个忍耐的过程。**

一个懂得忍耐的人心里装着世界的美丽和人生的爱，这种美丽不会因为生活的不如意而减少分毫，也不会因为社会的纷扰而黯然失色；这份爱不会因为别人的过错而变得卑微，也不会因为外在的打击而变得脆弱。善于忍耐的人总是掌握着幸福生活的法门。

当别人赞美你的时候，你并没有因此而增加什么；当别人诋毁你的时候，你也不曾因此而损失什么。你不会因为反击而得到多少快乐，也不会因为让步而损失什么快乐。事实上，你还是原来的你，生活也还是原来的生活，世界也依然还是原来的世界。既然不曾改变什么，我们根本没有计较的必要，没有必要让自己继续不痛快。所以齐白石老人告诫世人说："人誉之，一笑；人骂之，一笑。"忍耐别人的打击，成就的是自己的快乐；你试图做出反击，带来的只是更多的痛苦。

忍耐不过是恰到好处的等待，或早或晚，不早不晚，就在心静的那一刻。当你受到侵害并预备做出反击的时候，不妨先克制着等待一分钟；一分钟以后，你就会发现自己的愤怒毫无道理也毫无意义。事实上这一分钟里，你什么也没有失去，你会发现自己原来可以更加沉稳和从容地面对生活中的波澜。没有人能够夺走你的幸福，也许只是让你迷失了方向。心静的人善于等待幸福，而幸福也总是眷顾心静之人。

握好自己心灵的钥匙，天堂和地狱实际上就藏在平时的生活中，用心生活的人就能发现人间天堂，浮躁不安的人就容易走进人间炼狱。**一念天堂，一念地狱，心灵就是打开天堂和地狱之门的一把钥匙。**

有个意大利警察在街上巡逻的时候，发现一个满身酒气的酒鬼正摇摇晃晃地向自己走来。酒鬼拦住警察，要求警察给他一支烟。警察根本不认识他，更无意理会他无聊的举动和要求，所以视若无物一般地走了过去。酒鬼有些生气，死死抓住警察的衣角不放手。这让警察有些恼火，这样的酒鬼他见得多了，根本就不当一回事儿。

谁知这个酒鬼醉得太厉害了，死活都要警察给他一支烟。警察使劲推开酒鬼的手，结果两人纠缠起来。窝了一肚子火气的警察警告酒鬼不要闹事,否则就将他带到警局里处理。酒鬼却根本不害怕,反而壮着胆子说:"你不就是有枪吗,威风什么! 你敢拿枪打我吗?"面对围观的路人,警察觉得受了侮辱,一时冲动便开枪打死了挑衅的酒鬼。

当我们遇到侵害时,常常会习惯性地冲动和愤怒,而且很容易产生以恶制恶、以暴制暴的想法。乘虚而入的寻仇报复的思想,让我们怒火攻心,从而做出不明智的举动。别人的一次无心之失,我们会当成是有意而为之;别人的一次顶撞,我们要当成无礼的挑衅;别人的一次言语失当,我们却要当成是人格上的侮辱——常常只是很小的过错而已,星星之火却也能轻易引燃内心的导火线。

我们不过是受了心念的驱使而已,心中如何想、如何看待,那么行为举止上就必定会做出相应的动作。**很多时候未必是别人伤你有多深,而是自己太容易浮躁地作出决定;很多时候未必是对方有多么坏,而是我们太过于敏感和冲动。**做好一件事,也许需要一个过程,但是做错一件事往往只在片刻之间。一个错误的念想,让微小如尘的小事也能铸成大错。

有一位电视台主持人,在上镜前接到一家私营企业老板的电话。那个老板曾许诺,如果他答应在节目中用几句话巧妙地宣传一下他们公司的产品,就给他一笔不菲的报酬。仅仅靠几句话,他就能在短短的几秒时间内得到一笔非常可观的收入,这让他内心很矛盾,因为那段时间他太需要一笔钱了:妻子因单位效益不好而被分流下岗;年近八十岁的老母亲不慎从楼梯摔下来,半身不遂住进医院;住房贷款已经几个月没交了,银行的催款通知一封接一封。

他一路做着激烈的思想斗争。忽然,他想起母亲曾经说过的一句话:"小偷一斗油,长大偷头牛。"想到这里,他的心很快平静下来了,从容地进入主持状态。他对那家公司只字未提,轻松超脱地做完了节目。

后来,他做的那期节目被选送到省台参加评奖,并最终顺利地获得了金话筒奖。再后来他就听说,当初给他打电话的那家公司因生产假冒伪劣产品而被工商部门查处,并在全市曝光。

淡定——动如流水静如玉

一念成佛一念成魔，一念是天堂，一念是地狱，人心的偏向处，自是天堂和地狱的分水岭。《菜根谭》中说："**一念之善，万物皆善；一念之嗔，千般为恶。**"善念即成，一转身便会是天堂；恶念即生，一转身便就是地狱。每个人心中都装着天堂和地狱，善意满怀的人打开了天堂的门，世界便是天堂，恶念丛生的人打开了地狱的门，人间便是地狱。

人心有善恶之念，世界中自然就会显现出天堂与地狱的分别。你念它是天堂，它就是天堂；你念它是地狱，它便成为地狱。你心中记挂着幸福，自然处处都是天堂；你心中放不下苦难，自然处处都是地狱。宽容于人的大度，人生便是天堂；报复于人的恶行，造就人生的地狱。

天堂和地狱来自人心一念之间的抉择，所以天堂和地狱的距离也许只在刹那的一个转身而已。当我们冲动浮躁的时候，要努力克制自己的情绪，要及时消除心中的恶念，防止自己陷入人生的沼泽地中。古人说："勿以恶小而为之，勿以善小而不为。"**人生的错误总是在一次不经意的自我放纵中形成的，而且哪怕是一丝一缕的邪念也足以焚毁自己。**

人生没有多少机会可以重来，没有多少错误可以弥补。当我们走进思虑的地狱时，等待的也许就是难以超脱的苦痛，所以必须要作出明智的选择，必须要懂得及时控制住自己的情绪。

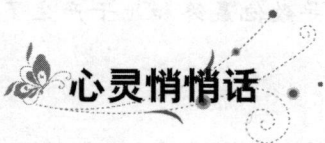

心灵悄悄话

人有七情六欲，如果一个人无论面临大喜或是大悲之事，都没有情绪反应的话，那他可能是精神分裂了。情绪没有对错、好坏之分，但是有舒服或不舒服的区别。快乐的时候人会很舒服，想一直拥有这样的情绪；痛苦的时候，就想快点儿摆脱它。不管是悲伤、痛苦、内疚、高兴、愉快……都是我们在生命中会体验到的情绪。

放下仇恨，放生自己

生活赋予了每个人生气的权利，我们也难免有仇恨别人的念头，但仇恨需要拿得起放得下。而心境淡定的人，一定能够及时放下心中的仇恨。

一位商人与他人发生了利益冲突，心中一直放不下，所以经常与对方针锋相对，两人渐渐由原先的竞争关系变成敌对者，经常相互攻击。商人的生意原本非常好，自己也过得很开心，但是自从产生仇恨心理后，商人将打击对方当成了自己的第一目的，他不再关注自己的生意会怎么样，反而只是一味地以打击对手为乐。

因为如此，公司的业绩日渐下滑。商人竟然还想用对手的名字给自己刚出生不久的孙子取名，以示侮辱，但是遭到家人集体反对。而被仇恨冲昏头脑的他完全不理会家人的看法，一意孤行，导致他最终和儿子产生了难以调和的矛盾，从此形同陌路。

生活中总有些避免不了的矛盾冲突，情场、商场、战场、官场、名利场，冲突与矛盾几乎成为了一种必备元素。面对冲突时，我们总是显得过于浮躁，所以冲突最后往往就发展成了仇恨。仇恨虽然很容易背负起来，但往往很难放下。因为一个陷入仇恨的人，很容易就失去理智和判断力，总是将对手当成恶魔一样看待，然而实际上只是我们的心被恶魔化了。当一个人带着仇恨去照镜子时，自己已经不是原来的自己，对方也不是原先的对方，生活也不是原来的生活了。

我们总是想为自己失去的东西，为自己受到的伤害，讨回一个公道，然而失去的已经失去，无法再去寻回。既然如此，为何不努力珍惜和保护好自己剩下的幸福，以免在无休止的相互伤害中失去更多。不要妄图能够从

淡定——动如流水静如玉

仇恨中得到补偿,仇恨往往只会带来更多的烦恼和痛苦。人在仇恨中是寻找不到幸福的,而且它也不是生活的动力。武侠大师古龙说:**"一个人如果已经把自己完全投入于权力和仇恨中,你怎么能期望他还有梦?"**

当一个人用仇恨的眼光看待别人时,生活的土壤里已经种植不了爱,也已经收获不了多少幸福。仇恨只能带来一时的快意,反而让我们变得更加卑微。实际上,**仇恨别人不过是和自己过不去而已,它是一把"双刃剑",刺伤别人的同时,也会划伤自己,双方都会失去应有的幸福和快乐,而长期陷入痛苦的纠缠之中。**仇恨就是用自己的幸福砸伤别人的幸福,而谁最先从仇恨中解脱出来,谁就最先得到幸福的眷顾。

在同一间办公室里有年龄、条件相仿的同事实在是件头疼的事,因为人人都会把你们两个拿来比较。其实办公室里同事间本来就是既合作又竞争的关系,应以健康的心态看待竞争关系,同事的能力愈强,等于是在无形中使你提升了实力。更何况,在全球化时代,本就不应该把眼光局限在同一屋檐下的同事,而应该将全球的精英视为真正的竞争者。如此一来,自然就不会把同事当"冤家"看待了。

当然,公司的每一位职员,都难免会碰到对你横挑鼻子竖挑眼的人,难以相处的人也肯定少不了。如果你对他们也显示出极其厌恶之意,则无异于显示自己度量狭小。所以你应该拿出你的诚意来欣赏对方的长处;对方出错的地方,你也应该开诚布公地与他商讨,消除彼此之间的敌意。

得理不饶人、器量狭小、排挤同事的人,一定也会遭到其他人的排挤;把同事当作阻挡前途的障碍的人,一定难以在办公室里立足。对于那些跟自己有竞争关系的人,不妨试着去赞美他,或请他帮一个小忙,往往可以神奇地化解彼此间的敌意,在职场上,减少一个对手的价值胜过增加一个朋友。

鸽子厌恶听到身上的铃声,于是焦躁不安地挣扎,结果越挣扎越烦躁。它知道铃声的恼人,却不知道只要自己收起翅膀安静下来,铃声就会立刻止息;人们厌恶看到身后的影子而拼命想要摆脱,但是人越是奔跑,影子越是寸步不离;我们只知道影子的困扰,却不知道只要自己走到阴凉处,影子就会消失。仇恨中的人都厌恶看到对方,都认为对方让自己的生活更加痛苦,却不知道如果自己能够安静下来,放下心中的仇恨,对方也就不再成为痛苦的根源。

哲人说："世界上有三种人，一种是将字写在岩石上的人，当他们生气时，其怒气有如刻在岩石上的字，所以仇恨长久不失；第二种是将字写在沙石上的人，其怒气犹如沙石上的字，很快就会消失；第三种是将字写在水上的人，即便听到他人的恶言，那些不愉快的言语也不会放在心上，和和气气，如同在水上写字，当即便消失得无影无踪。"

我们要用自己的仁慈去宽容别人。古代的圣贤说：**在这个世界上，永远不可能用仇恨来止息仇恨，仇恨只可以用慈爱来止息，这是一个永恒的真理。**当对方伤害你时，不要先想着如何予以还击，而应该坚定地告诉自己："恶念和错误应该从我这里停止。"不要将所有的过错都简简单单地推给对方，一个人首先要学会承担才会懂得宽容的意义。

我们要这样告诫自己："我没时间去讨厌那些讨厌我的人，因为我在忙着爱那些爱着我的人。"我们不该活在仇恨中，而应该活在光明喜悦之中，莫让仇恨吹散了自己的幸福人生。

有人说："看别人不顺眼，是因为自己修养不够。"而以德报怨算得上是宽容的最高境界了。**其实世界上没有什么错误是不可饶恕的，只有不愿意宽恕别人的人。**只要以宽容之心待人，那么错误就不会变成心中的痛苦，更不至于会变成更大的错误。当你向对方展示自己的宽容时，错误也就失去了继续存在的借口。

国外有一家警察局贴出了通告："如果自私的人想占你的便宜，不要理会他们，不要试图报复。一旦你心存报复，你得到的伤害比他的还要多。"警察局希望那些遭受伤害的年轻人可以控制自己的情绪，尽量保持君子的风度，不要深埋了仇恨的种子，否则只会造成更大的伤害。

生活中我们常常讲究恩怨分明，别人敬我一尺，我便敬人一丈；别人若动我分毫，必定会睚眦必报，而且是以牙还牙，以眼还眼。**很多时候，我们只是单纯地寻求心理平衡而已。**当我们遭受排挤时，必定要想办法挤对别人；当我们遭到迫害时，难免想要予以更严厉的报复；当我们被爱人抛弃时，常常会想到诅咒；当我们被夺走一切时，也希望让别人一无所有。然而不是生活太过无奈、太过痛苦，只不过是自己过得太狭隘。

用错误的方式去对待一个犯错的人本身就是一个最大的错误，得到的

也必定是一个错误的结果。我们应该用仁德宽容的爱心去面对给自己造成伤害的对手。古人说："爱产生爱，恨产生恨，若以怨报怨，以恶待恶，将会形成恶性循环。和气致祥，诚心和气比疾言厉色、怒发冲冠的效果好，若能人人诚心和气，势必乾坤朗俪，霁日光和，祥瑞普降。"

南非的民族斗士曼德拉，因为领导反对白人种族隔离政策而入狱，他在荒凉的大西洋小岛罗本岛上，在总集中营一个"锌皮房"内被关了整整二十七年。每天曼德拉要将采石场采的大石块碎成石料，有时还要从冰冷的海水里捞取海带，甚至要做采石灰的工作。而曼德拉是要犯，专门看守他的三个人对他并不友好，总是寻找各种理由虐待他。

1991年，年迈的曼德拉在总统就职典礼上缓缓地站起身来，恭敬地向三个曾关押他的看守致敬。他博大的心胸和宽宏的精神，让南非那些残酷虐待了他二十七年的白人汗颜得无地自容，也让所有到场的人肃然起敬，在场的所有来宾以至整个世界，都安静下来了。

后来，曼德拉向朋友解释说，自己年轻时性子很急，脾气暴躁，正是在狱中学会了控制情绪才得以活下来。他的牢狱岁月给了他时间与激励，使他学会了如何处理自己遭遇苦难时的痛苦。他说起获释出狱时的心情："当我走出囚室，迈过通往自由的监狱大门时，我已经清楚，自己若不能把悲痛与怨恨留在身后，那么我其实仍在狱中。"

先哲曾经问弟子："如果有人把口水吐到你脸上，该怎么办？"弟子回答说："把它擦掉就是了。"先哲摇摇头，然后说道："你应该任它自己风干。"《圣经》中也说："如果有人打了你的右脸，那么你就把自己的左脸也伸过去让他打。"耶稣告诫世人说：**"要原谅他们七十七次。"**做人不要时时都把别人的错误记在心上，反而要及时让自己解脱出来，并且给予对方最大的包容，这才是阻止恶念的最佳方法。

面对伤害时，我们只想到如何报复，却从未想过如何救赎。**以德报怨是对他人的救赎，可以及时地制止对方走向更大的错误之中；同时它也是对自己的救赎，可以防止自己陷入争端甚至仇恨的痛苦之中。**放下心中的怨气是自我解脱的第一步，以仁德之心去对待别人的伤害，则是帮助别人解脱痛苦,这反而是一种仁爱的表现。

　　生活或许常常会让我们受到伤害,但是又何必去斤斤计较呢?在错误面前,我们没有理由让自己的心灵贬值。从不生气的人或许是傻瓜,但是不愿生气的人往往是智者。

　　被踩到的一朵紫罗兰,它不曾怨怒,反而把香气沾到了踩踏者的脚上;秋风划伤了我们的脸庞,我们也不应抱怨,要把微笑寄予风中飘散。有位诗人赏花时不小心被蜜蜂蜇伤了,但他却笑着说:"感谢蜜蜂将我当成了一朵美丽的花朵。"

　　不要冷酷地去对待世界,哪怕世界再阴郁,如果你愿意对它微笑,那么整个世界也会对你微笑。不要冷酷地去对待别人,因为一个人再冷酷,如果你愿意宽容于他,他也会给予更多爱的回报。

心灵悄悄话

　　被踩到的一朵紫罗兰,它不曾怨怒,反而把香气沾到了踩踏者的脚上;秋风划伤了我们的脸庞,我们也不应抱怨,要把微笑寄予风中飘散。有位诗人赏花时不小心被蜜蜂蜇伤了,但他却笑着说:"感谢蜜蜂将我当成了一朵美丽的花朵。"

淡定——动如流水静如玉

第四篇　淡定面对敌人的伤害

　　在一个人的一生中,难免会与人结怨,将这些怨恨长期记在心里,寻机报复,还是将其淡化在自己的记忆里,体现出一个人的胸襟或博大或狭隘。英国诗人白朗宁说:"宽恕为美,淡化为佳。"无疑,一个成功的人生不能没有一个博大的胸怀。

　　我们永远不要去试图报复我们的仇敌,如果我们那样做的话,对自己的伤害将会甚于对敌人的伤害。

　　不要把时间浪费在去想那些我们不喜欢的人。如果我们有着与人长久以来结成的恩怨,就果断地去淡化它或去化解它。

忘记阴霾，铭记快乐

　　乔治·罗纳在维也纳当了多年律师，但在"二战"期间，他逃到瑞典，一文不名，他需要找份工作，因为他能说并能写好几国语言，所以希望能够在一家进出口公司里谋一份秘书工作。绝大多数公司都回信告诉他，因为正在打仗，不需要这一类人才，不过他们会把他的名字存在档案里。唯有一家公司在给乔治·罗纳的回信中写道："你对我生意的了解完全错误，你既傻又笨，我根本不需要任何替我写信的秘书。即使我需要，也不会请你，因为你甚至连瑞典文也写不好，信里全是错误。"

　　当乔治·罗纳看到这封信时，简直气得发疯。于是乔治·罗纳也写了一封信，目的是想使那个人大发脾气，但接着他就停下来对自己说："我怎么知道这个人说的对不对呢？我虽然修过瑞典文，可它并不是我家乡的语言，也许我确实犯了很多我并不知道的错误。如果是这样的话，那么我如果想得到一份工作，就应该必须不断努力学习。这个人可能帮了我一个大忙，虽然他本意并非如此。他用这种难听的话来表达他的意见，并不表示他就亏欠我，所以我应该写封信给他，在信里感谢他一番。"

　　于是，乔治·罗纳撕掉了他刚刚已经写好的那封骂人的信，另外又写了一封信："首先感谢你这样不嫌麻烦地写信给我，尤其是你并不需要一个替你写信的秘书。对于我把贵公司的业务弄错的事我觉得非常抱歉。我之所以写信给你，是因为我向别人打听，而别人把你介绍给我，说你是这一行的领导人物。我并不知道我的信上有很多文法上的错误，我觉得很惭愧，也很难过。我现在打算更努力地去学习瑞典文，以改正我的错误，谢谢你帮助我走上改进之路。"

　　没几天，乔治·罗纳就收到了那个人的回信，信中邀请乔治·罗纳去见他。罗纳去了，而且得到了一份工作。乔治·罗纳由此发现"原谅伤害

71

自己的人也是避免自己受到更深的伤害，或许还能得到别人的帮助，助你走上成功"。

我们也许不能像圣人般去爱我们的仇人，可是为了我们自己的健康和快乐，我们至少要原谅他们，忘记他们，这样做是很聪明的事。美国前纽约州州长威廉·盖洛被一份内幕小报攻击得体无完肤后，又被一个疯子打了一枪几乎丧命，当他躺在医院为生命挣扎的时候，他还是微笑地对所有来探望他的人说："每天晚上我都原谅所有的事情和每一个人，第二天当太阳升起的时候，我照样以快乐愉悦的心态迎接新一轮的太阳。不要因为你的敌人或对手而燃烧起一把怒火，热得烧伤你自己。"

《圣经》上说："怀着爱心吃青菜，也会比怀着怨恨吃牛肉好得多。"就连德国伟大的"悲观论"哲学家叔本华即使说生命是一种毫无价值而又痛苦的冒险，可是在他绝望的时候，他还是说"如果可能的话，不应该对任何人有怨恨的心理"。

不要因为别人对你造成的伤害或者别人忘恩负义而不开心，人活在这个社会，就应该以平和的心态潇潇洒洒地为自己活着。让我们永远不要去试图报复我们的仇人，因为如果那样做的话，我们只会深深地伤害了自己。

受人恩惠的当时，没有不心存感激的，而且所受恩惠越大，感激越深！可是，事过境迁后，却很少有人想报答，世上多的是所谓"忘恩之徒"。

按照经验来看，心态浮躁、情绪激进的人容易与人结成恩怨，而一旦恩怨积成又不容易放下，而这种积怨又极易由对个人的愤怒转为对周围的人甚至社会的不满，这种情绪不利于己也不利于他人，是需要修正的。要体味快乐就要清扫心灵的阴霾。

如果对方伤害了自己，自己心里对其产生愤恨是一种人之常情，但如果长期地铭记对方的恩怨则不明智，也没必要。

两个朋友不断吵架，吵到最后都不愿见对方，原本是很好的朋友，却因经常的争执而成仇家不是一件令人遗憾的事吗？

有人给宽恕打了一个美丽的比喻，他说："一只脚踩扁了紫罗兰，它却把香味留在那脚跟上，这就是宽恕。"我们常常在自己脑子里预设了一些规定，以为别人应该有什么样的行为。如果对方违反规定置之不理，就感到

怨恨。其实，这是一件十分可笑的事。**大多数人一直以为，只要我们不原谅对方，就可以让对方得到一些教训，也就是说："只要我不原谅你，你就没有好日子过。"而实际上，不原谅别人，表面是那人不好，其实真正倒霉的人却是我们自己，一肚子窝囊气不说，甚至连觉都睡不好，没多久就会积出病来。**

1937 年 1 月，美国一名精神病患者持枪冲进山迪·麦葛利格先生的家里，枪杀了他三个花样年华的女儿。这场悲剧使山迪陷入了痛苦的深渊，一个月的时间，就让他老了 10 岁。

随着时间的流逝，他在朋友的劝慰下体会到，要使自己的生活走上正轨，唯一的办法是抛开愤怒，原谅那名凶手。于是，山迪把所有的时间用来帮助别人获得心灵的平静及宽恕他人。他的经验可以证明，即使是遭遇剧变所引起的怨恨，在人性中也依然可以释怀。如果你问山迪，他会告诉你，他抛开愤怒是为了自己，为了让自己好好活下去。

令人心碎的事，大病、孤寂和绝望，每个人都难以幸免。失去珍贵的东西之后，总有一段伤心的时期。问题是，你最后到底是变得坚强还是更软弱？原谅别人，是对待自己最好的方式，因为释放了自己，才能有健康自由的心态。

心灵悄悄话

《圣经》上说："怀着爱心吃青菜，也会比怀着怨恨吃牛肉好得多。"不要因为别人对你造成的伤害或者别人忘恩负义而不开心，人活在这个社会，就应该以平和的心态潇潇洒洒地为自己活着。让我们永远不要去试图报复我们的仇人，因为如果那样做的话，我们只会深深地伤害了自己。

友善批评，虚心接受

凡是遭到的批评，都是对自己的某些作为的否定和阻止，既然每个人都不是完美的、全能的，那么，**我们看待批评就应看作对我们的帮助，而不应看作伤害而念念不忘。**

英国海军陆战队最足智多谋、充满传奇色彩的少将——巴特勒少将曾说："年轻时他急切渴望成名，希望给每个人留下好印象。那时，稍微有一点批评都会令他心里很难过。不过30年的海军陆战队生活使他豁达多了。我曾被人骂得像条狗、蛇或臭鼬，还曾被诅咒专家诅咒过。所有英文词汇中最难听的词，我都被人骂过，现在不听到骂声反而不受用了。"

巴特勒对批评的态度可能太过敷衍了，不过我们多数人却又过分重视了。

几年前一位纽约《太阳报》记者来参观一位成功学大师的成人辅导课，然后记者们写了一篇报道，大肆攻击这位大师的工作和个人。大师火冒三丈，觉得这是对他的侮辱，大师打电话给《太阳报》执行委员会主席吉尔，要求他刊登一篇文章澄清事实，以取代嘲讽抨击的评论。

但是很快大师觉得惭愧。因为他后来意识到读到那篇文章的读者也许连一半都没有，即使看到的一半读者也未必把这篇报道当回事。而且读过的读者中又有大约一半会在几周内把这件事抛到脑后。

我们也明白了没有人真正关心别人的事，因为人们一心只关心自己——从早上醒来到晚上睡觉，他们关注自己轻微的身体不适，都会重于关注你我的死讯。

即使有人捉弄我们，出卖我们，从背后捅一刀，就算被最亲密的朋友背

淡定——动如流水静如玉

叛——我们也不要坠入唉声叹气的深渊。相反，那正好可以提醒我们，发生在耶稣身上的不幸比我遇到的严重多了，他的十二位最亲传的门徒中有一位竟为了区区 30 个金币就背叛了耶稣。另一个门徒三次公开声明他不认识耶稣——甚至为此发誓。十二位门徒中有两个人背叛了他，折算是六分之一的比率！**既然连耶稣的遭遇都这样，你我凭什么期望得到更好的待遇？**

多年以来，我们发现既然不公的批评避之不及，至少我们可以做些更重要更有意义的事——让自己尽量免受批评造成的干扰。

要说明的是，我们并非提倡忽视所有的批评，而仅仅是不理会恶意的刁难。

华尔街的美国国际公司总裁布鲁士曾接受记者的采访，当问及他对别人的批评是否敏感时，他说："对啊，年轻时我确实对别人的批评极其敏感，当时我渴求全公司人的认可，承认我是完美的。如果他们不承认这点，我就会很烦恼。为了取悦那个持反对意见的人，我往往会得罪另一个人。于是我又得安抚那个人，结果搞得一团糟，最后大家都有意见。最后我无奈地发现，越是为了避免别人对我个人的批评，我需要安抚的人就越多，同时得罪的人也越多。我只有安慰自己：'既然你处于领导地位，就注定遭到批评，顺其自然吧！'这对我很有用，从此之后，我树立了一个原则，**只管尽力而为，然后撑起一把伞，让如雨的批评顺伞滑落，而不再让批评留在心里，使自己难过。**"

美国作曲家迪姆·泰勒做得更超脱，他不但没有受到闲言碎语的伤害，还能在公众面前一笑了之。在周日下午的电台节目中，他作音乐评论，有个女人写信给他，侮辱他为"骗子、叛徒、毒蛇、白痴"，泰勒在他的自传《人与音乐》中提到这段往事："我以为她只是随意说说的，于是在下周的广播中，我向所有的听众念出这封信，可几天后，我仍然收到同一个女人的来信，坚持她的恶意态度，还骂我是骗子、叛徒、毒蛇与白痴。"泰勒处理别人抨击的态度真令人钦佩，我们佩服的是他的诚挚、从容不迫以及幽默感。

在美国内战期间，林肯总统如果没有学会对排山倒海的各种恶言攻击置若罔闻，恐怕他早就精神崩溃了。林肯应付无端侮辱诽谤的方法已被奉为经典。麦克阿瑟将军把林肯的至理名言放在他指挥总部的办公桌上，同样有一份放在丘吉尔的书房里,林肯如此对待:**"只要我不对任何诽谤做出反应,这件事就到此为止。我问心无愧尽力而为,我将继续如此直到生命的最后一刻。最后,如果结果证明我正确,那么所有的责难都毫无意义。反之,如果结果证明我错,即使有 10 位天使为我做证拥护我是正确的,也毫无用处。"**

勇于忘记,着眼未来,把精力放在做对社会有意义的事情上,不念旧恶,注重现在,把洒脱用于做人上。

有一个富翁,他有 3 个儿子,在他老年之后,富翁决定把自己的财产全部留给 3 个儿子中的一个。可是,到底要把财产留给哪一个儿子呢? 于是他想出了一个办法:他要 3 个儿子都花一年时间去游历世界,回来之后看谁能做到最高尚的事情,谁就是财产的继承者。

一年时间很快就过去了,3 个儿子陆续回到家里,富翁要他们都讲一讲自己的经历。

大儿子得意地说:"我旅行到一个贫穷落后的村落,看到一个可怜的小乞丐不幸掉到湖里了,我立即跳下马,从河里把他救了起来,并留给他一笔钱。"

二儿子自信地说:"我在游历世界的时候,遇到了一个陌生人,他十分信任我,把一袋金币交给我保管,可是那个人却意外去世了,我就把那袋金币原封不动地交还给了他的家人。"

三儿子犹豫地说:"我没有遇到两个哥哥碰到的那种事,在我旅行的时候遇到了一个人,他很想得到我的钱袋,一路上千方百计地害我,我差点死在他手上。可是有一天我经过悬崖边,看到那个人正在悬崖边的一棵树下睡觉,当时我只要抬一抬脚就可以轻松地把他踢到悬崖下,我想了想,觉得不能这么做,正打算走,又担心他一翻身掉下悬崖,就叫醒了他,然后继续赶路了。这实在算不了什么有意义的经历。"

富翁听完 3 个儿子的话,点了点头说:"诚实、见义勇为都是一个人应有的品质,称不上是高尚。有机会报仇却放弃,反而帮助自己的仇人脱离危险的宽容之心才是最高尚的。我的全部财产都是老三的了。"

勇于忘记是一种心理平衡。有一句名言叫作："生气是用别人的过错来惩罚自己。"也是一种郁闷的解脱，实际上最受其害的就是自己的心灵，搞得自己痛苦不堪，何必呢？这种人，轻则自我折磨，重则就可能产生疯狂的报复念头。

乐于忘记是成大事者的心态。**既往不咎的人，才可甩掉沉重的包袱，大踏步地前进。**人要有点"不念旧恶"的精神，况且在同事之间，在许多情况下，人们误以为"恶"的，也未必就真的是什么"恶"。退一步说，即使是恶，对方心存歉疚、诚惶诚恐，你不念旧恶、以礼相待，说不定对方也能改恶从善。

假如你想化敌为友，就得迈出第一步。否则，不会有任何进展，但你和别人之间发生矛盾的时候，要主动示好，宽容一切，采取需求和解的行动，这样才能赢得和谐的人际关系，享受幸福的人生。

多年前，在美国新泽西州的一个小镇上有一对叫捷克和康姆的邻居，但他们确实不是什么好的邻居。虽然谁也记不清到底是为什么，但彼此就是不和睦。他们只知道不喜欢对方，有这个原因就足够了。所以有的时候他们也会发生口角。尽管夏天在后院开除草机除草时车轮常常碰在一起时，会说两句气话，但一般情况下，他们还是很少打招呼。

后来，在夏天快要过去的时候，捷克和妻子外出去度两周的假期。开始的时候康姆和妻子并未注意到捷克家的出游。也是，注意干什么？除了口角之外，他们相互间很少说话。

但是一天傍晚康姆在自家的院子除过草后，注意到捷克家的草已很高了，而自家草坪刚刚除过草，看上去特别显眼。

对开车过往的人来说，捷克家中的草坪很显然在告诉别人，家中没有人，这样就会引来盗贼的光顾。

康姆看着那高高的草坪，心里真不愿去帮他不喜欢的人。尽管他很努力地在脑子里抹去这种想法，但是那种帮忙的想法总是挥之不去。第二天，他就主动地把捷克家的草坪除了草。

几天之后，捷克和他的妻子回来了。他们回来不久，捷克就在街上走来走去，并且在整个街区每个房子前都停留了一会儿。最后，他来到了康姆的房子前,敲开了康姆家的门。

"康姆,是你帮我家除草了?"捷克问,这也许是他很久以来第一次这样称呼康姆。

"我问了所有的人,他们都没有除。他们说是你干的,是真的吗?"捷克的语气几乎是在责备。

"是的,捷克,是我除的。"康姆说,他的语气也带有挑战性,因为他听到的不是感激,而是一种责备。

捷克此时有点犹豫,他不知道自己刚才说了些什么,他考虑了片刻,最后用低得几乎听不见的声音对康姆说了声"谢谢",就匆匆离去。

就这样,捷克和康姆打破了以往的沉默,他们虽然还没有发展到一起出去效游,但他们的关系改善了。至少除草机开过的时候,他们相互间有了笑容,有时甚至说一声"你好"。先前他们后院的战场现在变成了非军事区。如果没有彼此的宽容,他们还是很难走到这一步。

在人与人的关系中,要做到长久的相处最重要,最难得的是将心比心、平和友好。

🦋 心灵悄悄话

淡定——动如流水静如玉

行路都希望道路是平坦的,没有沟壑、没有坎坷。为人做事也一样,都希望没有阻碍,没有敌人。事实上,后一个希望比前一个希望更容易实现,它只需你淡化恩怨即可。勇于忘记,着眼未来,把精力放在做对社会有意义的事情上。不念旧恶,注重现在,把洒脱用于做人上。

宽容忍让，豁达处世

大方豁达的待人态度不仅能给他人带来快乐，也是持这一态度的人获取快乐的巨大源泉，因为它使你受到普遍的喜爱和欢迎。

在纽约街头的公共汽车上，一个红发的男青年往车上吐了一口痰，被乘务员看到了，并说："先生，为了保持车内的清洁卫生，请不要随地吐痰。"没想到那个男青年听后不仅没有道歉，反而说出一些不堪入耳的脏话，然后又狠狠地向地板上连吐三口痰。面对如此不讲公德的人，乘务员气得面色涨红，就连车上的乘客也十分之气愤，然而让大家想不到的是女乘务员定了定神，平静地看了看那位先生，对大伙说："没什么事，请大家回座位坐好，以免摔倒。"一面说，一面从衣袋里拿出手纸，弯腰将地板上的痰迹擦掉，扔到了垃圾桶里，然后若无其事地继续卖票。看到这个举动，大家愣住了。车上鸦雀无声，那位先生的舌头突然短了半截，脸上也不自然起来，车到站没有停稳，就急忙跳下车，刚走了两步，又跑了回来，对乘务员喊了一声："请你原谅我的粗野！"

这位女乘务员面对污辱，既没有争辩，也没有与之吵闹，而是忍下一时之气，主动退让一步。这种退让使她取得了道德和人格上的胜利，同时给了那位不讲社会公德的人一个深刻的教训。所以，**生活中要注意培养这种忍让宽容的习惯，就像人们常说的那样：忍字头上一把刀，遇事不忍把祸招，若能忍住心头急，事后方知忍字高。**

某女士在家排行老大，小时候家境艰难，父母忙于上班，照看两个弟弟、洗衣做饭等家务事早早就落在她的头上。弟弟怕她，父母疼她。因此她养成了能吃苦受累却不能忍气吞声的个性。后来她参了军，在部队纪律的严格约束下，一些要求她虽然行动上执行了，可心里却不服气，常常牢骚满腹。而她真正成熟进步是从学习忍让开始的。她当的是通信兵，搞长途话务，记得刚上机时，负责培训她的是连里比较厉害的一位老兵。有一次，用户要与部队下面的一个分站通话，她拿着插头不知往哪条线路上插，正犹豫着，那位老兵一把将她的手打下，说："你别拿着我的插头巡逻了。"从小到大，她哪里受过这个气，当时她的脑袋嗡的一声，血往脸上直涌，泪水在眼窝里打转，真想摘下话筒跑掉，或者和老兵大吵一架。可是一刹那间，她忍住了。想起平时上级说的三尺机台就是战场，要是跑掉不就等于在战场上开小差了吗？所以她一边忍着气抹着泪，一边认真地看老兵操作。下班后又帮着老兵整理话单，打扫机房，这时心情已经好多了。而老兵也觉得有些过火，主动过来手把手地教她。两人以后成了无话不谈的好朋友。

忍让是理智的抉择，是成熟的表现。一个人如果能养成宽容忍让的习惯，那么他就会获得别人的尊敬。

威廉·麦金莱刚任美国第 25 任总统时，指派某人做税务部长。当时有许多政客反对此人，他们派代表前往总统府，要求麦金莱说明委任此人的理由。为首的是一位身体矮小的国会议员，他脾气暴躁，说话粗声粗气，开口就把总统大骂一番。麦金莱却不吭声，任凭他声嘶力竭地骂着，最后麦金莱才极和气地说："你讲完了，怒气应该平息了吧。照理你是没有权力这样责问我的，但现在我仍然愿意详细地给你作出解释……"

这几句话说得那位议员羞愧万分，但总统不等他表示歉意就和颜悦色地对他说："其实也不能怪你，因为我想任何不明真相的人都会大怒。"接着，他便把理由一一解释清楚。

其实，不等麦金莱解释，那位议员已被他折服，他心里懊悔自己不该用这样恶劣的态度来责备一位和善的总统。因此，当他回去向同伴们汇报时，只是说："我记不清总统的全部解释，但有一点可以报告，那就是总统的选择并没有错。"

淡定——动如流水静如玉

"忍"不但使麦金莱的解释获得极好的效果，而且使那位议员从此悔悟，以后永远不再做出令人难堪的举动。**别人故意用种种计策让自己大发脾气，自己一气之下，就会做出不理智的事情，这样无疑是自讨苦吃。不仅如此，敌视自己的人也会故意发起挑衅，如果不冷静地忍让，就会让自己陷入窘境。**

现实生活中，让人生气、令人发怒的事会随时发生，作为一个有头脑的人，为了更好地、安宁地生活和工作，理智地处理好各种不愉快，就需要培养自己忍让的习惯。如果不忍，任意放纵自己的感情，首先伤害的是自己。例如，对方是自己的对手、仇人，有意气自己、激自己，自己不能忍气制怒、保持清醒头脑，就容易被人牵着鼻子走，中了人家的计。

忍就是控制人性中的情感，所以要养成忍让宽容的习惯可能很困难。但如果做到了，就会有很多收获，往往就是在宽容忍让之后，在某个方面有所突破，从而实现了最初的成功梦想。

心灵悄悄话

忍让是理智的抉择，是成熟的表现。一个人如果能养成宽容忍让的习惯，那么他就会获得别人的尊敬。忍就是控制人性中的情感，所以要养成忍让宽容的习惯可能很困难。但如果做到了，就会有很多收获，往往就是在宽容忍让之后，在某个方面有所突破，从而实现了最初的成功梦想。

原谅仇人，解脱自己

可能我们还达不到圣人的高度，无法去爱我们的仇敌，但为了自己的健康和快乐，至少我们要原谅他，忘记他，这才是最明智的做法。

一个晚上，某人旅行途经黄石公园，他与其他游客一起坐在露天地，面对茂密的树林，期望看到森林杀手灰熊的出现。因为灰熊会到森林旅馆扔弃的垃圾堆中寻找食物。一位森林管理员骑着马告诉了这群兴奋的游客有关熊的事情：除了水牛和另一种黑熊之外，灰熊几乎可以击倒西方所有的动物。但在那天晚上，这个人却注意到有一只小动物——只有一只——灰熊不但让它从森林里跑了出来，还与它在灯光下共进晚餐。那是一只臭鼬！灰熊很清楚，只需扬起它的巨掌就可以毫不费力地将其一掌打死。但它为什么不那样做呢？因为它从经验里学到那样做得不偿失。

我们也知道这个道理：无论招惹哪一种"臭鼬"，都不值得。

当我们痛恨我们的敌人时，就等于给了他们取胜的力量。这种力量会影响我们的睡眠、食欲、血压、健康和快乐。如果我们的敌人知道他们是如何让我们忧虑、烦恼、一心只想报复的话，他们一定会高兴得手舞足蹈。我们的恨意完全伤害不到他们，可是却可以使我们的生活变成了地狱。

报复为什么会伤害你呢？它的伤害可多了。据《生活》杂志说，报复甚至会损害你的健康。**"高血压患者的主要特征是容易愤怒。"**杂志说，**"愤怒不止的话，长期性高血压和心脏病就会随之而来。"**

现在你该明白耶稣所说的"爱你的仇人"，不只是一种道德教导，而且是在宣扬一种最新医学，正是在教导我们如何养生。

淡定——动如流水静如玉

一个朋友最近心脏病发作，医生要求他躺在床上，不论发生任何事情都不能生气。医生知道患有心脏衰竭症的人，一旦发怒生气，就可能送命。几年前，华盛顿州斯波坎城一家餐馆的老板的确因为生气致死。我面前现在就有一封寄自华盛顿州斯波坎城警察局局长杰瑞·施瓦脱的信。信中说："几年以前，68岁的威廉·弗尔坎伯在斯波坎城开了一家咖啡馆。因为他的厨师坚持用茶碟喝咖啡，而将他活活气死。当时，那个咖啡馆老板非常恼火，抓起一把左轮手枪去追那个厨师，结果因为心脏病发作倒地死去——他手里还抓着那支手枪。验尸员报告说：他因为愤怒而导致心脏病发作。

假如我们的仇人知道我们对他们的怨恨，使我们精疲力竭、紧张不安、外表受到损伤、患上心脏病，甚至可缩短我们寿命时，他们难道不会拍手欢呼吗？

也许我们不能坦然地爱我们的仇人，但为了我们自己的健康和快乐，至少要原谅他们，忘记他们，那才是聪明之举。有一次，我问艾森豪威尔将军的儿子约翰，他父亲是否怨恨别人。他回答说："不，我父亲从来不浪费时间去想他不喜欢的人。"

有句老话说：**"不会生气的人是笨蛋，而不生气的人才是智者。"**

人们曾问伯纳德·巴鲁屈——他曾担任过6位总统威尔逊、哈定、柯立芝、胡佛、罗斯福和杜鲁门的顾问——他会不会因为敌人的攻击而烦恼？

"没有人能够羞辱或干扰我，我不会让他们得逞。"他回答说，"也没有人能够羞辱或困扰你和我——除非我们让他这样做，**棍棒和石头也许能打断我的骨头，可是语言永远伤害不了我。**"

多少年来，人们总是景仰不怀恨其敌人的人。

加拿大杰斯帕国家公园，有一座以伊笛丝·卡薇尔的名字命名的山，这是西方最美丽的山。它是为了纪念一位在1915年10月12日被德军行刑队枪毙的英国护士。她犯了什么罪呢？因为她在比利时的家中收容和看护了许多受伤的英法士兵，还帮助他们逃往荷兰。在10月的一天早晨，一位英国教士走进军队监狱她所在的牢房，为她做临终祈祷。伊笛丝·卡薇尔说了两句后来刻在她的纪念碑上的不朽的话："我知道仅有爱国还不够，我一定不能敌视或怨恨任何人。"4年之后，她的遗体运送到英国，在威斯敏斯特大教堂举行了安葬仪式。今天，在伦敦国立肖像画廊对面立着伊笛丝·卡薇尔的花岗岩雕像——这是一位英国不朽英雄的雕像。

爱比克泰德在19个世纪前就指出，**我们会种因得果，无论如何，我们总会为自己的过错付出代价。**"归根结底，"爱比克泰德说，"每一个人都会为他自己的错误付出代价。能够记住这点的人就不会对任何人生气，也不会和任何人争吵，不会辱骂、斥责、侵犯、痛恨别人。"

在美国历史上，大概没有其他人所受的责难、怨恨和陷害比林肯更多。但是根据荷恩敦的不朽传记记载，林肯"从来不以自己的好恶来评判别人。如果有什么工作要做，他也会想到他的敌人会做得和其他人一样好。如果一个人以前曾羞辱过他或对他个人不敬，但这人却是某个职位的最佳人选的话，林肯也会让他担任该职，就像派他的朋友去做这件事一样……他从未因为某人是他的敌人或者他不喜欢某人而解除其职务"。

许多被林肯委以高位的人，以前都曾批评或羞辱过他，如麦克里兰、西华、史丹顿和查尔斯。但据荷恩敦记载，林肯认为"没有人会因为他做了什么而被歌颂或受责难。因为我们都会受条件、情况、环境、教育、生活习惯和遗传等因素的影响，由此造就了我们的现在和将来"。

也许林肯是对的。如果我们继承了与我们的敌人同样的生理、心理及情绪特征，如果我们的人生也完全相同，我们就会和他们一样行事。我们不可能做出别的事来。就像克拉伦斯·达罗常说的："知道了一切就理解一切，这样我们就不会评判或谴责他人。"所以，不要恨我们的敌人，而是怜悯他们，感谢上帝没有让我们和他们一样经历同样的人生。**不要诅咒、报复我们的敌人，而是给他们谅解、同情、帮助、宽容和祈祷。**

我们永远不要去试图报复我们的仇敌，如果我们那样做的话，我们对自己的伤害将会甚于对敌人的伤害。让我们像艾森豪威尔将军那样去做：

不要把时间浪费在去想那些我们不喜欢的人。

如果我们有着与人长久以来结成的恩怨，就果断地去淡化它或去化解它。

心灵悄悄话

当我们痛恨我们的敌人时，就等于给了他们取胜的力量。这种力量会影响我们的睡眠、我们的食欲、我们的血压、我们的健康和我们的快乐。如果我们的敌人知道他们是如何让我们忧虑、让我们烦恼、让我们一心只想报复的话，他们一定会高兴得手舞足蹈。我们的恨意完全伤害不到他们，可是却可以使我们的生活变成地狱。

最强大的莫过于平常心。

老子说："得之坦然，失之淡然，争其必然，顺其自然。"

对于很多无奈，要用客观的态度去面对，首先强大自己的内心。

活着就是一种修行，保持积极、豁达、进取的态度，顺应本心，不执迷，不惘然，坦然面对生活中的每一次改变，平淡即是幸福。

世界很复杂，但我们可以做简单的人，不世故，不虚伪，不自欺欺人，不在错综复杂的人际关系网中作茧自缚，以平静的心去对待世间的万事万物。

敞开心胸，藏住锋芒

"木秀于林，风必摧之；堆出于岸，流必湍之；行高于人，众必非之"。**聪明人要懂得适时克制自己的表现欲，藏住锋芒，保持低调的姿态。**

人人都想要成就非凡的事业，成为人上人，努力让自己从人群中脱颖而出。因为我们总是习惯性地认为只有拉开自己与别人的距离，凸显自己的价值，才能进一步展示出自己的与众不同，所以每个人都拼命地提高自己，表现自己，为的就是让自己成为所有人的焦点，成为人中龙凤。

虽然每个人都设有奋斗的目标和坐标，但是这个坐标往往不是设在自己身上，而是参照别人的生活坐标——只要自己比别人过得更好、更强，那么人生就称得上成功了，自己就一定能够得到别人的认可。然而却总是事与愿违，**强者往往会成为众人排挤打压的对象，而一个乐于站在高处的强者更是会成为众矢之的，通常都是四面楚歌。**

有人曾问古希腊先哲苏格拉底："您是天底下最有学问的人了，那么您说天地之间的高度是多少？"苏格拉底想了一下，然后坦然地回复说："三尺。"这人有些疑惑，于是笑着说道："世界上的人除了婴儿，恐怕都有五六尺，那不把苍穹都戳破了？"苏格拉底很淡定地回答："是啊！凡是超过三尺的人，如果想要立足天地之间，就要懂得把头低下来。"

都说人生应该是"天高任鸟飞，海阔凭鱼跃"，只需努力去表现和发挥自己的能力，尽情挥洒自己的人生，然而现实却很少能够给予这样的好机会。很多时候，我们需要飞得低一些，需要隐藏自己的能力，需要克制自己的欲望，需要收敛起自己的虚荣心，甘愿成为最平凡的一分子，因为当你试图在众人面前表现自己的与众不同时，你也可能因此而遭受伤害。

退出政坛的丘吉尔，有一次骑着一辆自行车在跑道上闲逛。

这时,也有一位女士骑着自行车,从另一个方向急驶而来,由于没有刹住车,最后竟与丘吉尔相撞了。

"你这个糟老头没长眼睛吗?你到底会不会骑车?"这位女士恶人先告状地破口大骂。

丘吉尔对那位女士的恶语并不介意,只是不断地向对方道歉:"对不起!对不起!我还不太会骑车。看来你已经学会很久了,不是吗?"

这位女士的气立刻消了一半,再仔细一看,他竟然是伟大的前任首相,她感到羞愧难当,喃喃地说道:"不……不……您知道吗?我是半分钟之前才学会的……教我学会骑车的就是阁下您。"

弱者示弱是必须,强者示弱是智慧。俗话说:"刘备的江山是哭出来的。"刘备一直懂得示弱,最终扭转时运三分天下,称得帝位;刘邦在时机不成熟之时,对项羽一忍再忍,最终让西楚霸王再过不得江东;朱元璋用"缓称王"的策略示弱陈友谅,最终做了开国皇帝。**肯示弱的人往往心底有大气魄,怀了豪情壮志,并不在乎一时的得失成败。真正的强者只在必要时才霸气外露,一击制敌。**

《菜根谭》中说:"君子之心事,天青日白,不可使人不知;君子之才华,玉韫珠藏,不可使人易知。"一个人要懂得隐藏好自己的才华,不要随意地显露出来。"山不言自高,海不言自深,地不言自厚",有能力的人不需要刻意地用高调的表现来证明和炫耀自己,而没有能力的人即便再过高调也是于事无补,不过是徒然招来别人的嫉恨之心,给自己增添不少麻烦和烦恼。

作家冯雪峰说:"我们不要把眼睛生长在头顶上,致使用了自己的脚踏坏了我们想得之于天上的东西。"人固然应该抬头挺胸地做人,但不是目空一切。做人一定要懂得低头,不要总是把自己武装到华丽高调的程度。其实即便卑微如一粒微小的种子,也懂得将自己埋藏在泥土之下,因为这样一来,种子才能不断成长壮大,才能扎根于土壤之中苗壮成长。

低调的人在历经繁华世事后,依然能够不为繁华中的虚名浮利所动,依然淡定地保持最平凡的一面,这是阅尽沧桑后的见悟。低调的人总是安静从容,不露锋芒,从不妄自菲薄;低调的人获得成功时也不会狂喜,因为他明白时间终究会带走一切;低调的人不会站在高处,因为他知道站得高

淡定——动如流水静如玉

也就摔得重。**人应当进入无我境界,不要注重自己的外在表象。无我就是低调虚心的一种内在表现,是人生的一种底蕴。**

生活需要低调一些,淡然地看待自己的优势。虚荣往往使人麻痹大意,因为当你高昂起头时,虽然不曾目空一切,但还是无法知道眼皮底下有许多对手正虎视眈眈地看着你。生活中须有这样一份睿智和淡然:人生的花朵四处可开,即便是在那落满尘埃的角落之中,我也愿意卑微地盛放。

我们总是谨慎地保护自己的一切,因为我们总是害怕失去,害怕被人夺走,所以一旦感觉自己受到了威胁,我们就会毫不犹豫地反击,然而人生的每一次相逢都该被珍惜,只要我们敞开怀抱,擦肩而过的旅人便会送给你一分温暖与幸福。

社会交流变得日益频繁,但是人们彼此之间的封闭性却不断凸显出来。人与人之间的不信任和防备越来越严重,一些人甚至患上了交流恐惧症,害怕别人闯入自己的生活,害怕与别人分享自己的人生乐趣,害怕别人与自己交流是另有所图,害怕自己会轻易上当受骗,所以常常会秉持一些相对比较极端的交往理念和原则——"熟人不如陌生人来得好,陌生人不如没有交集来得好"——时刻有意地和外界保持着一定的距离,尽量给自己创造一个安全的空间。

我们小心翼翼地应对着每一个交往的人,小心翼翼地防备着每一个人,时刻都处于警戒状态,保持特定的距离,一旦受到伤害就立刻想要回应和反击。其实,或许是我们自己太过浮躁、太过敏感了。

对方也许只是你生命中一个无足轻重的人物,或是一个匆匆的过客,或是一面之缘,或是擦肩而过,或是一次无关痛痒的交谈。这样匆匆的一次缘分,然后就匆匆地散场,各奔东西,双方的人生也许就只有这么一次的交集,我们又何必太过在乎呢? 在我们的生命旅程中,别人往往就像一阵流浪的秋风,不经意间闯入了我们的生活和世界,纵使无意中刮疼了你的脸,但是它不会留下什么,也不会带走什么。

当我们无意中受到外来的伤害时,习惯性地要去讨个公道,要以牙还牙,然而事实上根本没有多少必要。人生不过是大海泛舟,若许会有一朵浪花将我们打湿,但是它早已匆匆而过,我们无须去追赶,也无须拿着船桨去拍打,不如安然地继续前行。执着地不放手,只是无意义地自寻烦恼罢了。

一师一徒两位旅者为了尽快赶到目的地,决定连夜赶路,结果途经山林时,被一伙山贼拦截下来。山贼原本想要抢劫一些财物,但是一看被劫的只是两个穷苦的旅人,身无长物,显得非常失望。为了发泄心中的怒火,山贼们割破了师徒俩的衣服才愤愤然地离开。师徒二人这才脱离了险境。

徒弟对于山贼的所作所为非常愤怒,嘴里一直抱怨着,而师父却显得很平静。面对徒弟的诉苦,师父从容地说道:"幸而咱们什么也未曾失去,又已经脱得身来,你何必还要耿耿于怀呢?"徒弟一听师父的话,更是觉得有些愤愤不平了,于是说:"想来师父是太过慈悲了,这样的事也能当成无事一般看待。"

师父听了也并不生气,只是淡定地问弟子他究竟丢失了什么。"此事之后你依然还是你,我依然还是我,一切并未改变啊!"弟子一时语塞也答不出来,于是就指着身上的衣服说:"这难道不是变化吗?"师父见了之后笑着说道:"我们日夜赶路,也常常被山间的树枝划破衣裳,又何曾对擦身而过的树枝动怒呢?诸多烦扰都不过是匆匆而过的枝条而已,无须太在意。即便偶有摩擦,也带不走什么东西。"徒弟听完师父的教诲后,方才安静下来,不再喋喋不休。

我们也会遇到对手和敌人,也会遭到别人的故意打压和防备:幼年时,会有人与你争抢玩具;上学后,有人与你抢着在老师面前表现自己;成年后,又有人会成为你的竞争对手。然而谁曾让你停滞,谁曾为你挽留,谁又曾带走你人生的云彩? **我们是人生的流浪者,别人则是我们生命中的流浪者,人生就是不断的相遇和别离**。三十年后的月亮或许还是三十年前的月亮,但三十年后的人却早已不是三十年前的人。每个人都不过是彼此之间的过客而已,所以没必要计较那么许多。

红尘滚滚,人海茫茫,我们也许很快就会相忘于江湖;沧海桑田,世事无常,我们也许很快就能够忘掉所有的事情。许多人都会产生交流恐惧症,害怕与人接触,只是因为担心自己会受到伤害。然而当我们回首往事,就会发现自己并没有因此损失什么东西。过去的人、过去的事,也不曾让

淡定
——动如流水静如玉

你感到太过介怀，今时今日的事又何必劳心伤神呢？

今日种种，会是似水无痕；明夕何年，君与我会成陌路。既然缘分来得太浅，既然交集不是很深，那么我们何必背负太多的负担呢？**人生淡然地相遇和重逢，也当淡然地面对别离，淡然地面对匆匆而来、匆匆而去。**我们彼此未曾深交，就不会有太大的风险；我们彼此未及久留，那么就不至于伤得太深。只此匆匆而来的一点儿缘分，即便伤了也尽可以散在风中一同远去。

没有多少人能够真正走进你的生活，别人永远只是窗外流浪的秋风，任凭呼啸一时，但再度细看时，早已匆匆而过，了无痕迹，至多不过是惊起帘影婆娑。

人生需要更加淡定一些，不要总是用疑惑的眼神去看待世间的人和事。生活没有想象中的那样艰险，我们也不必时刻提防着全世界。事实上没有任何人和事，会轻易地夺走你生命中的精彩；相反，如果我们害怕世界会带走什么并加以防备，那么很有可能会失去更多的东西。

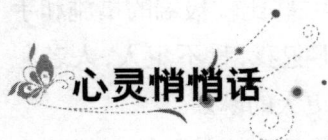

心灵悄悄话

当我们无意中受到外来的伤害时，习惯性地要去讨个公道，要以牙还牙，然而事实上根本没有多少必要。人生不过是大海泛舟，若许会有一朵浪花将我们打湿，但是它早已匆匆而过，我们无须去追赶，也无须拿着船桨去拍打，不如安然地继续前行。执着地不放手，只是无意义地自寻烦恼罢了。

摒弃计较，释放灵魂

大海容纳百川众流，所以才能成为大海；虚空容纳森罗万象，所以才能成为虚空；做人要能包容异己，人格才能崇高。处事若能多一分包容谦让，就能少一分倾轧阻碍。有时更要包容对方的错误，因为那也是对自己的一种保护。

生活中总是会遇到一些让人厌恶的坏人和小人，遇到背叛自己的好朋友，遇到背叛爱情的恋人，遇到无事生非的陌路人，遇到挑拨是非的第三者，而在面对这些容易犯错的人时，我们常常会理所当然地这样想："一个罪犯而已，一个坏人而已。"所以常常也容易采取一些比较极端的措施和手段，或坚决予以报复，或愤恨地藏于心底。"人不犯我，我不犯人，人若犯我，我必犯人"，然而这样的自保方式往往会带来更大的麻烦。

当别人犯错时，无论是受害者还是旁观者，最重要的就是让犯错的人及时发现并改正自己的错误，而不是急于让对方接受应有的惩罚，否则就会本末倒置，引发更大的冲突。**不要轻易将犯错者放在自己的对立面，也不要轻易就把自己定位成为审判者和复仇者，这样反而会进一步扼杀或转移犯错者对于自身错误行为的认知，进而激化双方的矛盾。**

我们需要让犯错者意识到我们所传达的是这样一个信号："你已经做错了。"而不是告诉对方："你将会为自己的错误付出沉重的代价，你将要受到严厉的报复和惩罚。"试问人孰无过？只要愿意改正，那么我们就没有必要为了争回面子，而抓住别人的小辫子不放。得理不饶人的人，别人也不愿饶过你，往往会两败俱伤。

错误很容易传染和繁殖。当别人犯下某个错误时，我们常常会按照错误的印记走下去，尽管双方的立场不一样，但本质上都是一样的，别人的错误总是很容易就牵引我们犯下错误。其实每个犯错者都不是有意而为之，很多时候，只是我们不曾给予对方解释和道歉的机会。或许对方已经意识到了自己犯下的错误，但是我们的疯狂报复和反击，可能会激发他们的怒火。不能原谅别人犯下错误的同时，自己却犯了错，这本身就是一件伤人害己的事情。

印第安人说：你不能让厌恶、愤怒、复仇等负面情绪让你变得盲目。心中充满复仇情绪的人，只会让自己变得越来越痛苦。你要做的就是，远离这些负面情绪。如果你不懂得愤怒可以杀死我们的道理，你就会像熊一样越来越生气，从而让自己离死亡越来越近。不要用别人的错误来惩罚自己，造成更大的错误。

多数犯错者都希望自己能够得到别人的原谅和宽容，而非面对无尽的指责与报复。我们用仇恨面对犯错的人，不仅斩绝了犯错者改过自新的机会，而且也促使对方破罐子破摔。"全城为上，破城次之"，当体面的收场难以奏效时，犯错者往往会变本加厉，最终受到伤害的还会是我们自己。丹麦基督教思想家克伦凯郭尔说："不要用别人的错误来惩罚自己。"别人犯错后，我们没有必要斤斤计较，为此感到愤怒和烦恼。

人们之所以感到不开心，一方面是因为别人对自己造成的伤害，而更大原因则是自己的情绪被别人控制了，别人轻微的一句话、一个动作、一个表情就能让你生气和愤怒，让你寝食难安、心事重重。美国一位医学专家做过一项调查，在对一万五千名胃病患者的病历记录进行研究后，他发现其中的一万二千人之所以患上胃病正是因为经常生气。

生活尽管总是让我们觉得很无奈，总是要有一些人会来骚扰我们的幸福，但是人生应该克制自己的浮躁心理。凡事看开一些，不要执着于和犯错者纠缠下去，这样只会让自己更加痛苦。有位哲学家说："**痛苦的一半来源于别人，另一半则受赠于自己。**"别人"赐予"的不幸姑且从容地绕过去，或者淡然地忘掉，这样一来，自己造成的那一半不幸就能够避免掉。

人生没有必要过多地考量别人的错误，更加没有必要为此将自己弄得闷闷不乐。既然改变不了别人的错误，那就不妨痛痛快快地忘掉和放下，然后让自己解脱出来。虽然我们常常无法要求别人做出改变，也无法轻易改变别人，但我们完全可以试着去改变自己，让自己不再为这样一件小事而浪费心力。

要知道,别人的错误永远都不应该成为我们幸福生活的阻碍,自己更没有必要将其背负起来当成阻碍。而那些不愉快的人,那些不愉快的事,其实并不会真正影响我们自己的幸福生活。既然如此,我们又何必去自寻烦恼呢? 人生需要把幸福控制在自己手中,而不是随意地被别人控制,别让自己的灵魂走进窄道。

不管多远的路,都能走到尽头;不论多深的痛苦,也会有结束的一天。背负明天的希望,在每一个痛并快乐的日子里,都走得更加坚强;怀揣未来的梦想,在每一个平凡而不平淡的日子里,笑得更加灿烂。只要不放弃,就没有什么能让自己退缩;只要够坚强,就没有什么能把自己打垮!

《中国青年》杂志上曾发表了一封名为《人生的路啊! 怎么越走越窄……》的读者来信,引发了社会大讨论。在这封信中,作者诉说了当代人的彷徨、苦闷、迷茫和怀疑,引起了全国青年的共鸣。即便到了今天也有人常常思考同样的问题:为什么我觉得自己的路越来越难走,越来越狭隘?

每个人都想要创出一番丰功伟绩,投身于伟大的事业中去,可是却常常感到自己在走向狭隘的犄角处,离理想越来越远了。人生的机会看似越来越多,成功的希望却越来越渺茫;岗位越来越多,求职却越来越难了;职位越来越高,工资却渐发渐少了。我们发现生活圈不断地扩大,朋友圈却不断地缩小。我们常常担心朋友的背叛,担心恋人的分开,担心同事的算计,担心自己的生活越过越糟。

生活一步步将我们逼到狭窄的道路上去,让我们的生命越来越逼仄,越来越有压力。然而人生的路并没有变窄,只是我们的心在变窄。正因为我们的灵魂不够宽广,所以常常把自己局限起来,局限在一个狭小的空间里生存。原则、规定、习惯总是轻易就让我们作出错误的抉择,而无论我们多厌恶、排斥社会的不公,往往都只能随波逐流,没有办法作出一个更好的选择。

人生最重要的不是自己所处的位置,而是自己所要选择的方向。我们自己选择了窄小的道路去走,那么人生自然越走越窄;我们选择了宽阔的路,人生就能够越走越宽广。选择决定命运,然而很多时候,我们都站在了错误的角度作出错误的决定。放不下一时的得失,看不开人生的浮浮沉沉,我们逃不脱社会固有的约束。尽管这种约束或许并不存在于现实中,

淡定——动如流水静如玉

但我们的心中根本放不下。

每个人都想活出一个最自由的自我，然而现实能轻易地影响我们的决定：该做些什么，该怎么去做？很多时候，我们都是社会约定俗成中的一个傀儡，而牵引那些线的正是我们自己。即便我们乐于做出一些反抗，但不过是依据习惯作出某个草率的决定。这个习惯往往来自于所谓的社会经验，来自于固有的社会认知，来自于我们的知识水平。不过习惯往往会出错。**正是由于"习惯"的存在，我们才会习惯性地走向更加绝望的地方。**

有这样一个关于世界上最糟糕的路的故事。

一天，一头牛犊要穿越一座原始森林，回到它原来的牧场。牛是一种无理性的动物，所以牛犊硬是在森林中闯出了一条路，这条路弯弯曲曲，沿着山峰上上下下、兜兜转转。

第二天，一条狗从这里经过，它身形较小，无法自己开辟新路，就沿着牛犊闯出来的路穿越了森林。接下来，来了一群羊，它们的头羊发现这里有一条通路，就带领着羊群从这里穿越森林。

之后，人也开始使用这条路，他们通过它进入森林，然后离开森林。有时，人得弯着腰走，绕开那些障碍，为此他们会抱怨和诅咒。虽然他们这样做没什么错，但他们也没有设法去开创一条更短、更好的路。经过多年的使用，这条路变成了一条羊肠小道，那些可怜的动物背负着重担，被迫行走在这条小道上。其实这段距离走直线的话，只要半小时，而人和牲口们却要走三个小时。

又过了很多年，这条羊肠小道变成了一个村庄的主干道，再然后变成了一座城镇的大街。每个人都抱怨交通拥挤，因为他们走的路可能是全世界最糟糕的一条路。

其实，在这期间，古老聪慧的森林之神总是开心地大笑，因为它看到人类总喜欢盲目踏上已有的道路，用思维的定式让自己在一条崎岖的路上不断前行，甚至都不愿意问一下，是否真的没有更好的选择。

事实上，选择往往由自己的心灵决定，社会不会指引你走向这里或那里，更不会毫无因由就野蛮地将你推入那些狭窄的巷道中去。多数时候，作出选择的人是我们自己,是我们将自己一步步推入迷茫、失望和绝望之中。我们才是命运的决策者,才是人生的指路人。**灵魂宽广放达的人,能够很清楚很透彻地看待这个世界,能够选择最合适的道路来走,人生的路能够越走越舒心,因为他们的灵魂不曾被挤进人生的暗角里。**

人生应该更加放达潇洒一些,不要将自己局限在某一个特定的点上去生活,不要把社会的无奈当成束缚自己的借口和理由。一旦我们把社会看得如此狭隘和绝对,把人生看得如此晦暗和无助,那么注定走不出一条宽阔的大道来。放下心中的枷锁和疑惑,放下心中的不满和迷茫,人生其实处处皆有道路,走不通这一条,完全可以选择另一条去走,没有必要一条道走到黑,也没有必要以偏概全,因为一时的失意就全然否定生活的一切。

世事固然芜杂,人生也颇多不如意,但是我们需要让自己的心灵更加淡定一些,需要保证自己不会被外界所干扰和迷惑,需要保证内心的澄明和豁达。**人生也要懂得放下,只有放下了才能容纳更多。**都说心中装下天地的人,心胸自然如同天地一般宽阔。其实心有多宽,人生的道路就有多宽。只要不把灵魂挤进窄道之中,生活就不会感到压抑和逼仄。只要心中没有什么挂碍和业障,那么人生之路就注定会畅通无阻。

心灵悄悄话

人生没有必要过多地考量别人的错误,更加没有必要为此将自己弄得闷闷不乐。既然改变不了别人的错误,那就不妨痛痛快快地忘掉和放下,然后让自己解脱出来。虽然我们常常无法要求别人做出改变,也无法轻易改变别人,但我们完全可以试着去改变自己,让自己不再为这样一件小事而浪费心力。

淡定——动如流水静如玉

简单做人，平凡做事

世界很复杂，但我们可以做简单的人，不世故，不虚伪，不自欺欺人，不在错综复杂的人际关系网中作茧自缚，以平静的心去对待世间的万事万物。**做简单的人，需要真诚，需要勇气，需要坦率，需要下断舍弃心灵的累赘和迷茫。做简单的人，不是幼稚，不是退缩，不是头脑简单，不是不去奋斗，而是保持心灵的简约与宁静，不为纷繁所扰。**

一个年轻人好心搀扶摔倒在路边的老人，结果反被老人诬陷为撞人的凶手。年轻人因此背负了巨大的压力。虽然后来真相得以大白，但是一时间弄得人人自危，没有人再敢去做好人好事。因为人人都担心自己的好心会被利用。

做好事原本就是一个简单的道德行为，每一个人都能够轻易实践，但是世事芜杂，人心难测，一个原本轻而易举的行为却被放大成一个复杂的社会现象。很多人都觉得如今已经人心不古，再不复简单的岁月了。每个人、每颗心都在步步经营，步步算计，让人感觉在如今的社会里，想要做一个单纯而简单的人，做一件简单而纯粹的事是多么的困难。

历经沉沉浮浮之后，我们往往会发现社会已经不再那么单纯，世人也不再那么简单淳朴，现实处处都不再那样美好，是非颠倒，黑白混淆。我们开始不再轻易相信自己看到的东西，不再轻易相信自己听到的东西，不再轻易相信任何一个人，完全是一副"看山不是山，看水不是水"的迷茫境界。

我们不得不改变自己，每天见着不想见到的人，说着言不由衷的话，露出不情愿的笑脸；在别人面前，尽力地伪装自己，带着各式的脸谱去生活，目的只是为了更好地生存下去。而且我们乐于相信别人其实也是这样对待自己的，别人也会有这样的表演天赋，所以习惯了伪装自己，屈就自己的心意。

究竟是世界本来如此,还是我们自己变化太多? 事实上,世界的变化往往在于人心的变化。**人心乱了,世界也就乱了;人心复杂了,世界当然也就变得复杂了。**生活固然给了我们许多宝贵的经验教训,也许我们曾经受到别人的伤害,承受不公平的待遇,但是没有必要因此就把世界看得太复杂。这样一来,做人只会觉得更累。

其实,世间烦恼皆是人心自造的。之所以会把事情想得那么复杂,很多时候不过是心中的杂念和私欲在作怪,所以免不了烦恼丛生,免不了怨天尤人,免不了对世界产生抱怨。其实欲望少一点儿,生活就可以简单一点儿。另外,我们也不要总是戴着有色眼镜去看待周围的人和事,不要总是把世界看得太坏太复杂,时时提防着别人,事事用尽心机和手段。人生若许真的是一场戏,我们也无须化妆,更无须戴上脸谱。

《红楼梦》中对人生有一句非常经典的总结:"真亦假来假亦真,空空而来,又空空而去。"我们何必挖空心思地假扮一个不属于自己的角色,又何必费尽心机来争名夺利! 不如简单地生活,简单地过好人生的每一天。

有位才子前往山中拜访隐居的智者。两人交谈中,智者见才子面有忧伤之色,而且听得对方不断叹气,似有心事,于是直言相询。才子也不加掩饰,明明白白地道出了心事:"世事维艰,人心不古,想要当个人也不容易。"智者听了微笑着说:"你现在不是完好无损地做着你的人吗?"才子摇摇头表示无奈。

智者接着说:"你大可以活得轻松简单一些,何必为这样的事情伤神?"才子说:"非是不愿而是不能,世界逼着我烦恼啊! 不得不经过这趟浑水。"智者忍不住摇摇头说:"心中放下了,世界也就放下了;心中简单了,世界也就简单了。"才子又感慨说:"想要放下谈何容易,如何又能够做到简单呢?"智者不再言语,只是往才子的杯子里倒了一杯茶,让他品尝。

才子喝过之后,忍不住赞叹:"这山中的毛尖果然清香宜人。"智者摇摇头,才子有些疑惑,难道自己品错了味道? 于是谦虚地请智者明示,只见智者淡然地说:"不过是一碗水罢了。"才子听得云里雾里,认定这不过是智者在考验自己品茶的功力,于是肯定地说:"这就是上好的毛尖呀!"智者依然摇头,才子反而计较起来。

智者于是笑着解释说："你说它是茶，因为它在你心中便是茶；我说它是水，因为它在我心中仅仅就是一杯水。在你看来这是茶，所以会品出诗韵、品出文雅、品出是非争论来；而在我看来不过是水，简简单单，清清澈澈，所以没有什么好品好争的，口渴时一饮而尽，仅此而已。"才子这才明白其中的含义，不禁佩服起智者的胸襟与气度来。

生活的一切都是那么自然妥帖，一切都是简单生活中的循序渐进，我们根本没有必要去猜测太多，也没有必要无端生妄念。人生若能够以简单、淳朴、平静的心态看世界，那么自然无须去伪饰人生，无须去尔虞我诈、钩心斗角。生活中的一切纷扰自然会止息，一切烦恼自然会逝去，自己也一定会从烦琐复杂的世事中解脱出来。

在世俗的纷扰中挣扎，我们总是怀念起儿时的时光。因为那里没有世俗的纷争，没有得失的烦恼，没有钩心斗角的残酷，没有名利富贵的纠缠，我们只是简单地活着，做着一个简单的人，所以我们一直都感到快乐。既然如此，为什么我们现在不学着活得简单一些呢？**如果我们愿意保持一颗童心，**也许就能够找寻到逝去了的那份快乐和幸福。

纵使人生多有不得已、不如意的地方，然而世界并没有我们想象的那样复杂污浊，复杂的只是人心。做人其实没有必要那么累，我们也无须活得这样累。简单地看待世界，看待周围的人和事，简单地过自己想要过的简单生活，这就是人生最大的快乐和幸福所在。

晦暗的一生会因为瞬间的光芒而绚烂夺目。平凡的一生会因为瞬间的传奇而精彩绝伦。人生若要有所追求，首先必须与平凡相伴而行。只有在平凡的日子里耐得住寂寞、抵得了诱惑的人，才可能在平凡中得到升华与超越。

父亲对儿子天天无所事事地待在家里感到非常愤怒，于是就教育儿子说："你这样天天待在家里，到底想干些什么？"儿子反感地回答说："我其实也不想在家里虚度时光，我也想找一份体面的工作，也想成为一个成功人士，但问题是我还没有想好要干些什么、如何去做才能获得成功。难道让我天天到街上去卖报纸吗？"父亲听了更加生气，但他努力压制住声调说：

"如果你真的能够把报纸卖好,谁敢说你不会成为第二个默多克?人不要总是在乎自己干什么,真正该在乎的是自己到底是不是用了心去做。"

　　每个人都想要功成名就,都想要出人头地,成就一番常人难以企及的大事,然而却总是找不到一个合适的突破口。爱国的感慨自己报国无门,想出名的抱怨自己得不到更好的机会,想成就事业的感叹生不逢时……每个人都希望自己可以站在最不平凡的岗位上作出最不平凡的成绩,却往往忽略了那些最平凡的东西和最微小的细节。

　　"飞人"迈克尔·乔丹也曾坦言,他每天要练习三千次以上从各种角度的投篮动作。因为只有每天重复着投篮三千次,遇到紧急情况时才有十拿九稳的超水准表现。

　　"一万小时天才理论"中说,这世界上并没有所谓的天才,一个人的技能要达到大师级水平,必须经过至少一万小时的磨炼——任何行业都不能例外。是的,只有将每一个平凡的动作累积起来,才有可能成为不凡。

　　我们每个人都希望给自己的人生打上无数个叹号,殊不知只有先设置好每一个平淡无奇的逗号,才有可能成就一个最完美的叹号。其实,一切伟大的事业都是由无数个平凡的小事堆砌而成的。我们常常赞叹别人千里之行的壮举,却不知道别人只不过是走好了每一步而已;我们常常感叹江河的浩渺无垠,殊不知它们不过是懂得积累每一滴水、每一处细流;我们常常羡慕被人尊敬的强者,却不知道他们的好人缘儿不过是积累于平时每一个微笑和问候。

　　我们通常只看到结果,却不曾看到过程,所以错误地以为不平凡的人才能做出不平凡的事业,拥有不平凡的经历才能成就不平凡的人生。

　　有句古话叫作:"一屋不扫何以扫天下。"一个人如果连最平凡的事也不愿意去做,连最普通的事情也办不好,那么何谈成就大事业呢?我们看不上那些不起眼的工作,却往往眼高手低,难以成事。复杂成就于简单,伟大源自于平凡,不愿意为一件小事费神的人,注定不会有机会为一件大事费神。人往往如此,不是把世界看得太高,就是把自己看得太高。

　　鲁迅先生告诫我们说:"能做事的做事,能发声的发声,有一分热,发一分光。"这是再平凡不过的举动,然而历经平凡之后,我们就能够顺利走向

伟大。美国一家公司曾经做了一项名为"谁是你心中的英雄"的社会调查，结果在选出的二十位英雄中，有十位平凡英雄入选。他们没有什么光彩照人的背景和崇高的社会地位，也没有什么惊天动地的壮举，只是兢兢业业地在最平凡的岗位上发挥价值，彰显魅力。

平凡的人往往也拥有不平凡的魅力，不平凡的人往往来自最平凡的生活中。我们渴望成为伟大的人，渴望自己成为与众不同的高人，却忽略了最重要的一个步骤：如何先做好一个平凡人，如何做好一个平凡人该做的事。

其实伟人也是个平凡人而已。我们渴望超凡入圣，却总在无意中错过了平凡生活的价值和意义。真正的非凡者，首先一定要懂得如何过好最平凡的生活，一定要如何懂得成为一个平凡的人，一定要懂得做好最平凡的事情。

须知伟大往往寓于平凡之中。其实我们也能够光彩耀人，只不过我们通常只看到了伟大的光环，却错过了平凡中黯淡的背影。

心灵悄悄话

纵使人生多有不得已、不如意的地方，然而世界并没有我们想象的那样复杂污浊，复杂的只是人心。做人其实没有必要那么累，我们也无须活得这样累。简单地看待世界，看待周围的人和事，简单地过自己想要过的简单生活，这就是人生最大的快乐和幸福所在。

执着信念，平和处世

在人生旅途上，少一分圆滑世故，便多一分清纯典雅；少一分对功名利禄的执着，便多一分坦然自在。

我们常常抱怨世事繁杂不公，而且一旦认定了就决不放弃。我们总是会固执地认为世界应该怎样，不应该怎样，其实充其量也不过是希望围绕自己的幻想构建一个理想的生活而已。不过现实就是现实，现实之所以存在就必定有着一定的合理性。正如黑格尔所说：**"凡是现实的都是合理的，凡是合理的都是现实的。"**我们抱怨现实的不公，抱怨人生的无奈，抱怨世界的不合理性，其实不过是太过自我了而已。即便世界真的很残酷，这就是真实的生活。现实有时候需要我们去做出妥协，需要我们做出让步。**人生往往只有两种生活方式，要么努力改变世界，要么就改变自己去适应世界**。我们渴望用自己的双手造出一个新的生活，渴望自己不会随波逐流，但是如果我们不能够改变世界，也没有能力去争取自己的梦想，那就要懂得顺应社会。改变不了世界又不愿被世界改变，那么留给自己的只有痛苦和挣扎。

我们往往都很偏执，不肯轻易低头，不愿轻易放弃，不忍放弃自己的理想，然而明知道此路不通，为何还要固执地坚持走下去呢？当我们理所当然地认为自己一定可以创造一个新生活时，生活也理所当然地将我们连同梦想一起毁灭。人生可以有小小的倔强，可以有小小的幻想，但不知所谓的坚持却会是一种莫大的悲哀。**要知道人生的美丽有时候并不在于坚守，而在于适时的转身**。

既然路原本就是弯曲的，那么任凭我们如何努力去走，也走不出一条直线。谁都想活出自己的味道来，想要构建自己心目中的理想生活，但是现实给予我们的只有这样一点儿权利：你可以肆无忌惮地去构想，但是生

淡定——动如流水静如玉

活不一定会称心如意。

其实,生活中最重要的是做自己最应该做的事情,而不是随心所欲地做那些自己认为最想要做的事情。人需要面对现实,也需要承认现实。因为生活所能给予的至多只会是最适合你的东西,而往往不会是你最想要得到的东西。理想中的东西通常都很容易掩盖掉现实的美好,所以生活注定给不起这样的权利,也无从给予这样的权利。

每个人的心中都有一个完满的世界。每个人都渴望绘制出一个最圆的圆圈,并执拗地要将它完成。我们满心欢喜,我们踌躇满怀,等待着最后完美的衔接,但是画到最后,圆圈也不曾完满,我们却已经被彻底囚禁在自己设定的圆圈里面。

当我们固执地认为世界太过晦暗、太不公平,并努力想要做出改变时,不妨先认真地想一想,自己是否有能力这么做,又是否有必要这样做。当我们固执地为了自己的理想而努力奋斗时,我们是否想过自己能否获得成功。有时候坚持也会是一种错误,因为太过坚持的人不是和现实世界过不去,就是和自己过不去。

现实就是如此,要改变我们能够改变的,而对于那些不能改变的,就改变自己去适应它的存在。人生能够为自己的理想而活,固然让人心动,但是最重要的还是要活得随性自在。为了坚持自己不切实际的理想而痛苦地坚持着,并不是什么明智的做法。我们没有必要执拗着不肯放手,生活需要看开一些,一切随缘就好,用一颗平常心看待世间万物。

平常心是一种大智若愚的成熟,是一种超脱无我的禅心。它不是简单的无欲无为,更不是甘于平庸,不思进取;它是对物欲事理的一种适度取舍。面对红尘喧嚣,面对浮华诱惑,用一份平静与从容来面对生活,得之淡然,失之坦然。

世上总有那半真半假、似伪似真的友谊,总有那似情非情、似爱非爱的爱情,徒然经历了一回,往往会觉得这个世界当真是复杂混乱得很。每个人都在争名夺利相互算计,每个人都带着虚伪的面具有目的地做人做事。我们常常厌倦这样的生活,可是很多时候,也只能无奈地被卷入其中,成为世俗中的一分子。或许这就是生活的代价,这就是世俗人生必须经历的过程。

人活着就是无奈的,但多数时候是我们让自己陷入困境和纠结之中的。马祖道一说:"平常心是道。"世事固然复杂,但我们若能淡然处之,不争不贪,就不会让自己深陷其中,当然也就感觉不到人世的种种烦恼。恰恰如同在岸边观水一样,我们想象着水下有鱼儿的嬉戏争食,还有暗涌的喷薄动荡,然而居于岸上来看,满眼不过是平静如镜面的水。其实任它水下如何的涌动不安,我们只需成为一个淡然的看客就好,只要用平常心对待生活即可。

世事原本的面目该是如何的呢?**也许世界原本不过是空,一切都是虚无的存在,只是我们想得太多了,是我们自己添加了私欲和妄念,所以看世界的时候满眼都是利益的纠结,都是人事的纠葛。但从本质上来说,人生的虚名浮利都是争出来的,放下了也就根本不再存在。你不愿意放下,它最终也还是要离去。世界是复杂的,但更多时候是我们自己将它看得复杂而已。**

外面的世界我们无从去改变,但我们只需要控制和把握好自己的人生和世界观,一切都要以更加淡定的心态来对待。生活就是这样,这就是生活。做人不妨洒脱一些,这样一来,人生的苦乐就可以放在一边,人生的得失就可以放在一边,人世的浮华和纠葛也可以放在一边。如果淡然地看开了一切,放下了一切,生活也就还是自己的。

繁华的自让它去繁华,荒芜的且让它荒芜;复杂的不妨让它复杂,纠葛的不妨让它纠葛。我们只需淡定地来看待这一切,任它风和日丽也好,任它风雨飘摇也罢,我们不过是大千世界的一粒微尘,无须去附着沾染,只是淡然飘过,看一场浮世烟花的绽放与落幕,看一场世事纷争与人事纠葛,仅此而已。其实我们须知自己的存在实在无碍人世间的浮浮沉沉,更无关世事的纷纷扰扰。

河堤的树丛中,有三条毛毛虫,它们是从很远的地方爬过来的。现在它们准备过河,到一个开满鲜花的地方去。

一条说:"我们必须先找到桥,然后从桥上爬过去。只有这样,我们才能抢在别人的前头,找到含蜜最多的花朵。"

一条说:"在这荒郊野外,哪里有桥? 我们还是各造一条小船,从水上漂过去,只有这样,我们才能尽快到达对岸。"

一条说:"我们走了那么多的路,已经疲惫不堪了,现在应该静下来休息两天。到时候,也许自然就有办法了。"

另外两条很诧异:休息?简直是笑话!没看到对岸花丛中的蜜都快被喝光了吗?我们一路风风火火,马不停蹄,难道是来这儿睡觉的?

话未说完,一条毛毛虫已经开始爬树,它准备折一片树叶,做成船,让它把自己带过河去。另一条则爬上河堤上的一条小路,它要寻找一座过河的桥。

剩下的一条躺在树荫下没有动。它想,畅饮花蜜当然舒服,但这儿的习习凉风也该尽情享受一番。于是,就钻进一片树林,找到了一片宽大的叶子,躺了下来。

河里的流水声如音乐一般动听,树叶在微风中如婴儿的摇篮,它很快就睡着了。不知道过了多少时辰,也不知道自己在睡梦中到底做了些什么,总之,一觉醒来,它发现自己变成了一只美丽的蝴蝶。

它的翅膀是那么美丽,那样轻盈,轻轻扇动了几下,就飞过了河。此时,这儿的花开得正艳,每个花苞里都是香甜的蜜汁。它很想找到那两个伙伴,可是飞遍所有的花丛都没有找到——因为它的伙伴一个累死在路上,另一个被河水冲走了。

在这个世界上,没有什么比顺其自然更具有力量,没有什么比顺乎本性更富有智慧;平常心就是最强大的力量。

世间的荣荣枯枯、浮浮沉沉,我们又何必去多作计较呢?只不过是自寻烦恼而已。存在着的自然可以存在,失去了的也可以淡然失去,根本不必想象得那样复杂,就像吃饭睡觉一样自然,饿了就吃,困了就睡,根本没有什么理由好去攀缘附会的,因为谁也没有必要去给吃饭和睡觉找出一个理由来。若以平常心来看,这就是生活的真实面貌,我们无须过多地干预。

很多时候,我们都以自己的利好关系来评判世事的好与坏、合理与不合理,所以世界也就成为了人心的一个投影——心动了,便是风动,便是树影婆娑,便是春波皱起。其实世间依旧如同原样,只是我们的心不够淡定。做人当没有分别心,没有得失心,没有执着心,没有名利心,人生平平淡淡

而来,也当平平淡淡而去。

　　林清玄说人生当有这样的一种境界:"以清净心看世界,以欢喜心过生活,以柔软心除挂碍,以平常心生情味。"世界原本就很平常,我们也需要用平常心来看待。得失是生活的一部分,幸与不幸也是生活的一部分,伤害是生活的一部分,无奈也是生活的一部分,一切都是缘分,一切都要随缘而行,我们无须争夺,无须贪恋,无须逃避,无须挽留。也许当我们看透了世界万物的规则,那么就能领会大生命的真谛,就能够及时摆脱浮世中的烦恼。

　　世事变幻,然而浮云独自飘过,流水淡然东流,从未因此而停留。试问人生酸甜苦辣,皆是常态,我们又何须太过执着,何须太过在意呢?不论世事如何变迁,不论人生如何浮浮沉沉,不论世界如何纷繁复杂,如果我们能够怀抱一颗平常心来看待,那么一切就都能够泰然处之,一切的烦恼都会自动消去。

心灵悄悄话

　　现实就是如此,要改变我们能够改变的,而对于那些不能改变的,就改变自己去适应它的存在。人生能够为自己的理想而活,固然让人心动,但是最重要的还是要活得随性自在。为了坚持自己不切实际的理想而痛苦地坚持着,并不是什么明智的做法。我们没有必要执拗着不肯放手,生活需要看开一些,一切随缘就好。

淡定——动如流水静如玉

第六篇　淡定面对一生的失意

　　是沉沦在自己过去的挫折和失败中，在颓废和自卑中生活；还是坦然忘记所经历的种种磨难和失意，满怀热情地去迎接新的挑战，创造新的生活。这是衡量一个人有无成功潜质的判定标准，失败者把失意当"包袱"，成功者把失意当动力。

　　有道是"眼不见，心不烦"。如果你眼里没烦恼，烦恼自己是找不到你家门的。无论面对的是怎样的生活景况，无论生活带给自己的是什么样的痛苦和忧愁，请记住一句话，影响我们生活的不是处境，不是我们的身份，而是我们的心境，要让心情保持永远的畅快。

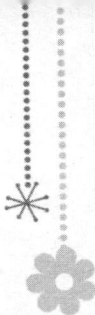

乐于忘怀，解脱自己

"给自己的心灵洗个澡"这句话乍听起来很幽默，其实它更具深义，就是提醒人们，在清除污垢保持身体外面卫生的同时，也要注意保持身体内部，即心灵的卫生，去掉自卑、失意、忧虑和仇恨等不健康意识对心灵的绑架。

乐于忘怀是一种心理平衡。有一句话说的是：生气是拿别人的错误惩罚自己。我们没有必要念念不忘那些不愉快，对于那些人间的仇怨念念不忘，只能被它腐蚀，而变得憎恨和怨怼，甚至导致精神崩溃而陷自己于疯狂。有这样一则故事：

珊莉曾以优异的成绩考取了纽约最好的州立第一女子中学。在初一时，珊莉的学习成绩还行，到了初二，数学成绩一直滑坡，几次小考最高分才得50分，珊莉很有些自卑心理。后来发生的一件事，彻底改变了珊莉的人生轨迹。

有一次考试，由于题目难度很大，珊莉得了零分，老师对她非常不满，还在全班同学面前羞辱了她。只见这位数学老师拿起粉笔，叫珊莉立正，非常蔑视地说："你爱吃鸭蛋，老师给你两个大鸭蛋。"老师用粉笔在珊莉眼眶四周涂了两个大圆饼……老师甚至又让珊莉转过身去面对全班同学，全班同学哄笑不止。然而老师并没有就此罢手，他又命令珊莉到教室外面，在大楼的走廊里走一圈再回来，珊莉不敢违背，只有一步一步艰难地将漫长的走廊走完。这件事情使珊莉丢了丑，她从此不肯踏进校门一步，整天躲在家里自己的小屋内，不肯出来见人，因而患上了少年自闭症。

少年自闭症影响了珊莉一生，在她成长的过程中，甚至在她长大成人之后，她的性格变得脆弱、偏颇、执拗、情绪化。对于12岁时的丢丑事件念念不忘,使珊莉形成了压抑的性格,也是造成她一生悲剧的根源。如果她能忘怀,恐怕就能幸福快乐地过一生。

　　从这个意义上说,对于一些不愉快的往事和不值得一提的小事,以及没有意义的琐事,我们就应及时地忘掉,别放在心上,以免伤害自己。同时,只有既往不咎的人,才可甩掉沉重的包袱,大踏步地前进,原谅别人就是解脱自己。

　　忘记伤害过自己的人的有效方法,就是让自己做一些超出自己能力的理想中的事情。这样的话,曾经的侮辱和敌意就显得无关紧要了,因为我们没有时间计较理想之外的事情。举个例子可以说明。

　　1918 年,密西西比州树林里曾发生一件可怕的事情,差点引发了一场火刑,黑人讲师劳伦斯·琼斯差点被烧死。

　　"一战"时候的人比较冲动。密西西比州中部盛传着这样的谣言:德国人正唆使黑人起来叛变。劳伦斯·琼斯被人控告,说他激起族人的叛变。有白人在教堂外面听他讲道,他大声说:"生命就是一场搏斗,每个黑人都应穿上盔甲战斗,为了更好的生存和发展。"

　　"战斗""盔甲"就是铁证。一些年轻人趁着黑夜纠集了一大群人,然后到教堂捆住了这位教士,把他拖到一英里外的荒野里,吊在一大堆干柴上面,最后点燃了干柴。眼看就要烧死他了,一个年轻人说话了:"烧死他之前,让这个好说话的人说说话。"

　　站在柴堆上,脖子上套着绳圈,劳伦斯·琼斯为自己的生命和理想发表了一番演说。他 1907 年毕业于爱荷华大学,因心地善良、博学多才及在音乐方面的天赋赢得老师和同学的喜爱。毕业后他谢绝了一家酒店的职位,还谢绝了别人资助他到音乐学院深造的美意。他有更崇高的理想。他读完布克尔·华盛顿的传记时,就决心把自己的一生都奉献给教育事业,教育那些因贫困而无法上学的黑人孩子。他就这样回到了贫瘠的南方,密西西比州杰克镇以南 25 英里的一个小地方,用自己的手表当了 6 毛 5 分钱,以苍天为教室,以树桩为桌子,开始了他的教学生涯。

　　劳伦斯·琼斯将自己的经历讲给那些愤怒的纵火者,他说自己所做的

淡定——动如流水静如玉

112

一切就是为了教育没钱上学的男孩和女孩,把他们训练成优秀的农夫、机匠、厨子、家庭主妇。他还说,曾有许多白人协助他建立学校,比如说送他土地、木材、牛和钱。

事后,人们问劳伦斯·琼斯对那些想吊死和烧死他的人是否怨恨。他的回答让我们敬佩,他说:"我太忙了,很多理想等着我去实现,根本没有空余时间怨恨别人。"他所有的心思,都花在那项超出他能力的伟大事业上了。"我根本没时间跟人吵架,也没有时间后悔。谁也不能强迫我到怨恨他人的地步。"

事发当时,琼斯用很诚恳的态度讲述这些事,着实令人感动。自始至终,他没哀求一声,只是想让别人了解他的想法。那些想烧死他的人也为之动容。人群中有个曾参加过南北战争的老兵说:"我相信他所说的话,他提起的一些白人有我认得的。他确实是在做好事,是我们错了。我们应该帮他而不是烧死他。"老兵说完摘下自己的帽子,帽子在大家手中传递,这些曾经想烧死这个教育家的人,捐献出了 52 元 4 毛钱,都交给了琼斯。

早在 1900 年前,依匹克特修斯就说过,种因得果,命运都会让我们为自己的过错付出代价。"谁都要为自己的果实付出代价。知道这个道理的人就不会跟人生气,跟人吵架,更不会辱骂别人,斥责别人,触犯别人,怨恨别人。"

要是你想有一个平安快乐的心情,那就记住这条原则:永远不要试图报复仇人,否则我们就会让自己受到极大的伤害。我们要学习艾森豪威尔将军,不浪费一分钟时间想那些我们不喜欢的人。

心灵悄悄话

对于一些不愉快的往事和不值得一提的小事,以及没有意义的琐事,我们就应及时地忘掉,别放在心上,以免伤害自己。同时,只有既往不咎的人,才可甩掉沉重的包袱,大踏步地前进,原谅别人就是解脱自己。

不幸有时，淡定常在

人的一生难免会遭遇祸患，但这只是月圆和月缺，是一个阶段，不会是长久的，我们不必为月圆而喜，为月缺而悲。

娜赫玛是一名出色的教师，马诺哈尔是一位天才的科学家。两人在绘画方面都才华横溢。他们是幸福的一对，有一个美丽可爱的女儿。他们到各地旅游，广交朋友。无论在哪里，欢笑都伴随着他们。然而一场车祸改变了一切。

娜赫玛在车祸中受了重伤，肩以下终生瘫痪。她不得不服用很多对大脑有损害的药物，忍受感染、褥疮和身体痉挛的折磨，每天24小时离不开人。

这个家庭祸不单行，车祸后不久，马诺哈尔的视力开始变坏，经诊断，他患上了视网膜色素变性，患这种疾病的人视力会逐渐衰退，而人类尚没有找到治疗方法。

虽然娜赫玛、马诺哈尔夫妇很难接受新生活，但他们没有自暴自弃，相反，他们不离不弃，相互扶持，打开了通向新生活的大门。

30多年来，马诺哈尔是妻子最好的护士和服务员。从治疗过程的每个细节到把她从汽车里抬出来时轮椅应该倾斜的角度，他都知道得一清二楚。他为自己推轮椅上楼梯的绝活而自豪不已。对他来说，这是了不起的技能，因为他看不到台阶、甚至看不到轮椅，完全凭感觉。

娜赫玛在家里为学生开设了英语口语课，并编写儿童读物。她参加了好几个妇女组织，并为数家慈善公司筹款。她不间断地接受治疗，并渐渐学会了用肩膀肌肉写字。

后来，马诺哈尔出版了自己的第一本书《绿泉年华》，书中他充满深情

淡定——动如流水静如玉

114

地记录了自己的青春岁月。

书中精致的钢笔插图是他自己的手笔。他没有颜色感知能力，只能看到常人通过针孔看到的一点点东西。绘图时，他用特殊的眼药水扩大瞳孔，使用超强的光线和特殊的放大镜，戴着手套，因为强光使他的手出汗，汗水会把画弄脏。他用相机一般精确的记忆力、远远超出常人的毅力，完美地完成了工作。

每年，他们都一起制作明信片。马诺哈尔负责画图，娜赫玛负责写文字，为他画的大楼、雕塑或者风景作解说。他们出售明信片，销售所得全部捐献给慈善机构。

他们积极生活，享受生活的一点一滴。他们一起看日升日落，品尝精致的菜肴，欣赏音乐，招待客人，享受骤起的微风带来的清凉。

现在，马诺哈尔已经出版了三本书，正在写第四本。娜赫玛仍然参加慈善团体的筹款工作。

我们的感情很脆弱，面对厄运，我们会痛苦、自怜甚至怨天尤人；我们都有一颗叛逆的心，面对不公，我们会反抗、拒绝甚至挥拳相向。但马诺哈尔夫妇却向我们展示了另一种力量：接受命运。**接受命运不是屈服，不是漫不经心和无精打采。它是一种结合了理解、谦卑和坚强的力量。**它让你把身体的疼痛和心灵的悲伤抛在脑后，关注自己力所能及的事；它让你远离懊悔、愤怒和仇恨，享受和珍视生活的点点滴滴、生命的每时每刻。

只要我们拥有这种力量，无论厄运的风暴把生命之舟吹到什么样的荒岛，我们都能以主人的姿态上岸。

没有哪一艘船能保证永远不受伤，我们的人生，就像在大海里航行的船，只要你不抛锚，不停地去远行，那么你就不会不遭遇风暴，不会永远也不遭受损害而受伤。

在看着悠久造船历史的西班牙港口城市巴塞罗那，有一家著名的造船厂，这个造船厂已经有 1000 多年的历史。这个造船厂从建厂的那一天开始就立了一个规矩，所有从造船厂出去的船舶都要造一个小模型留在厂里，并把这只船出厂后的命运刻在模型上。厂里有房间专门用来陈列船舶模型。因为历史悠久，所造船舶的数量不断增加，陈列室也逐步扩大，从最初的一间小房子变成了现在造船厂里最宏伟的建筑，里面陈列着将近10万只船舶的模型。

所有走进这个陈列馆的人都会被那些船舶模型所震慑，不是因为船舶模型造型的精致和千姿百态，不是因为感叹造船厂悠久的历史和对于西班牙航海业的卓越贡献，而是被每一个船舶模型上面雕刻的文字所震慑！

有一只名字叫西班牙公主号的船舶模型上雕刻的文字是这样的：本船共计航海50年，其中11次遭遇冰川，有6次遭海盗抢掠，有9次与另外的船舶相撞，有21次发生故障抛锚搁浅。每一个模型上都是这样的文字，详细记录着该船经历的风风雨雨。在陈列馆最里面的一面墙上，是对上千年来造船厂的所有出厂的船舶的概述：造船厂出厂的近10万只船舶当中，有6000只在大海中沉没，有9000只因为受伤严重不能再进行修复航行，有6万只船舶都遭遇过20次以上的大灾难，没有一只船从下海那一天开始没有过受伤的经历……

现在，这个造船厂的船舶陈列馆，早已经突破了原来的意义，它已经成为西班牙最负盛名的旅游景点，成为西班牙人教育后代获取精神力量的象征。

这正是西班牙人吸取智慧的地方：所有船舶，不论用途是什么，只要到大海里航行，就会受伤，就会遭遇灾难。

如果因为遭遇了磨难而怨天尤人，如果因为遭遇了挫折而自暴自弃，如果因为面临逆境而放弃了追求，如果因为受了伤害就一蹶不振，那你就大错特错了。人生也是这样的，只要你有追求，只要你去做事，就不会一帆风顺。

记住该记住的，忘记该忘记的，我们要学会淡忘那些在我们的生活中没有积极意义的不良信息，学会保持自己的心理健康，不为烦恼所伤，面对宠辱处之泰然，这样才能获得幸福的人生。

在每个人的大脑里，都储藏有大量的生活记忆，但我们敢说，在诸多的记忆里，有两类最多，一个是美好，一个是仇恨，而且，往往是仇恨比美好记得更牢，更永久，其实，这种现象是不利于人生的。

对于过去的错误，我们不应该耿耿于怀。《坛经》上说"改过必生智慧，护短心内非贤"，意思有两个，一个是说知错能改善莫大焉；另一个就是让人们不要总停留在过去，过去的成功也好失败也罢，都不能代表现在和未来。

人的一生由无数的片段组成，而这些片段可以是连续的，也可以是毫无关系的。说人生是连续的片段，是因为人的一生平平淡淡，周而复始地过着循环往复的日子；说人生是不相干的片段，是因为人生的每一次经历都属于过去，在下一秒我们可以重新开始，可以忘掉过去的不幸，忘掉过去的不如意。

阿拉伯著名的作家阿里，有一次和好友吉伯、马沙一同外出旅行。三个人经过一个山谷时，马沙失足滑落，眼疾手快的吉伯一把抓住了他的衣襟，把他救了上来。为了永远记住吉伯的这一恩德，心中充满感激之情的马沙在附近的大石头上用刀刻下了一行字："某年某月，吉伯救了马沙一命。"

三人继续前行，过了几天来到了河边。这时候由于长途跋涉的疲劳让他们的心情变得烦躁，于是吉伯与马沙为了一点小事争吵了起来，吉伯一气之下打了马沙一耳光，马沙被打得眼冒金星，但是他没有还手，而是一口气跑到沙滩上，用很大的力气在沙滩上写了一行字："某年某月某日，吉伯打了马沙一记耳光。"

旅行很快结束了，回到家乡，阿里怀着好奇心问马沙："你为什么要把吉伯救你的事刻在石头上，而把他打你耳光的事写在沙滩上呢？"

马沙平静地回答："我将永远感激并且永远记住吉伯救过我的命，至于他打我的事，我想让它随着沙子的运动忘记得一干二净。"

很多人都会为了过去的事情而耿耿于怀，甚至郁郁寡欢。其实，那些都是陈年旧账了。如果为此所困，始终不开心，常年处于负面、阴暗的心态中，就会严重损害身心健康。岂不知，**有的事情须刻骨铭心，永世不忘；有的事情则要尽快淡忘**。所谓事来则应，事去则净。我们应淡忘人生中的挫折与不幸，淡忘流言蜚语，淡忘冷遇和种种烦恼，这样才能摆脱往事的阴影,保持随缘常乐的状态。否则,如果纠缠于昔日的痛苦中,时间长了,就会对身心造成伤害,导致疾病。

人生短暂,不要为了过去的痛苦而耿耿于怀,自己伤害自己。对我们最有害的是怀恨、不满和烦恼,如果把这些不良的情绪都融化掉,甚至可以治愈癌症。我们应该对过去网开一面,宽恕所有的人。宽恕别人就是爱护自己,世上最有力量的是宽恕,是慈悲。拥有平常心的人能够淡忘不快,抛开烦恼,使自己的生活充满祥和与友爱。

别人对自己的恩德,我们应该铭记于心,而自己对别人的恩德则应该淡忘,正所谓“人对我有恩不可忘,我对人有恩不可不忘”。因为念念不忘所施之恩,就意味着时刻期待别人的回报,其心态近似于放高利贷者。我们一定要有“虽行布施而不求回报,作而不执”的智慧,这样就能渡过烦恼的激流,到达无忧、安乐的彼岸。

对错怪或伤害过自己的人,我们的心灵不要被忌恨、烦恼所蒙蔽,怒火中烧、烦恼怨恨,因为这样对自己比对他人所造成的伤害,将有过之而无不及。因此,即使在不如意的环境中,也要努力营造一个充满欢乐与友爱的氛围。回想我们所恨的人的优点,念及他曾做过的一些好事,这样去想和做,怒气可能就会缓和下来,烦恼会烟消云散,心中会充满慈悲。

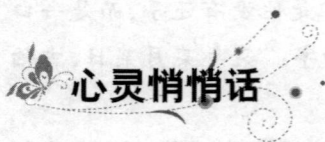

心灵悄悄话

对于过去的错误,我们不应该耿耿于怀。人的一生由无数的片段组成,而这些片段可以是连续的,也可以是毫无关系的。说人生是连续的片段,是因为人的一生平平淡淡,周而复始地过着循环注复的日子;说人生是不相干的片段,是因为人生的每一次经历都属于过去,在下一秒我们可以重新开始,可以忘掉过去的不幸,忘掉过去的不如意。

淡定——动如流水静如玉

消除忧虑，宽容大量

曾任英国首相的劳伦·乔治,在和朋友散步时,每经过一道门,都要随手把门关上。

"您可以不必关门。"朋友微笑着告诉他。

"哦,是的。"乔治若有所思地说,"我这一生却始终都在关我后面的门。要知道,当我把门关上,也就将烦恼留到了后面。这样,我就能轻松前行。"

乔治的回答似是答非所问,但细细品味,它却蕴含了深刻的人生哲理。**"随手关门"**,能让我们摆脱烦恼,走出困境,轻装上阵,重上征程。

一位记者曾和朋友一起出差,在途中朋友不慎将包丢了,钱包和高档相机都丢了。更令他心疼的是,他多年来利用业余时间花费了大量心血准备的参加考研的一些珍贵资料也被弄丢了。他一下子脑门儿汗都冒出来了。可没一会儿工夫,他却平静如水。看朋友们替他急得不知所措的"现场直播",他反倒哈哈大笑起来。大家不解其意:真是的,他还在乐呢? 好像丢东西的不是他! 我们替他"烦",他倒成了与之无关的局外人。于是,记者便生气地对他大声喊道:"你这个家伙是不是脑子有毛病? 钓鱼的不急,背篓的却在那儿一个劲儿地干着急,这算是哪家子的道理?"没想到朋友的回答却让他啼笑皆非:"留得青山在,何愁没柴烧? 我不乐你还想叫我哭吗? 难道我一恼,问题就解决了? 难道我一恼,丢失的东西就找到了?"

是啊,如果细细地回味,朋友的话的确也不无道理。不是吗? 东西反正也不见了,什么急啦气啦怨啦,都是无济于事的。否则,只能是火上浇油,丢失了的东西不仅找不回来,反而还损失了一份好心情,这叫"赔了夫人又折兵",怎么也是不合算的,还不如心平气和,保持一个良好的心境,兴许还能采取一些补救措施,或许还能"亡羊补牢"呢。

烦恼并不可怕。我们只要善于做到"随手关门",就能及时地把烦恼抛给昨天,就无须负重,而是轻松地走出生活的迷途,从而笑对人生,洒脱地走向幸福快乐的明天。

在人生的旅途中,常常要"随手关门",把烦恼挡在门外,洒脱地前进。有道是"眼不见,心不烦"。如果你眼里没烦恼,烦恼自己是找不到你家门的。

从一个人有无气量即知一个人有无成功的潜力,那么怎样才能看出一个人有无气量,从什么地方能看出他的气量呢?

面对"敌人",大多数人的看法是毫不留情地把他消灭掉,因为对敌人的仁慈,就是对自己的残忍。这话听起来很有道理,但事实并非绝对如此,正如一位哲人所说的:**"我们的成功,也是我们的竞争对手造成的。"**

拿破仑对面前的任何障碍都狂怒异常,对待任何胆敢抗拒他的意志的人都严厉无情,可当他获胜时这种态度就全然改变了。他对败军的态度是极为宽容的,他真诚地怜悯他们。他经常对手下的人说:"一个将领在打了败仗那天是多么可怜!"

有两名英军将领从凡尔登战俘营逃出,来到布伦。因为身无分文,只好在布伦停留了数日。这时布伦港对各种船只看管甚严,他们简直没有乘船逃脱的希望。

对家乡的热爱和对自由的渴望促使这两名俘虏想了一个大胆而冒险的办法,他们用小块木板制成一只小船,准备用这只随时都可能散架的小船横渡英吉利海峡。这实际上是一次冒死的航行。当他们在海岸上看到一艘英国快艇,便迅速推出小船,竭力追赶。他们离岸没多久,就被法军抓获。

这一消息传遍整个军营,大家都在谈论这两名英国人的非凡勇气。拿破仑获悉后极感兴趣,命人将这两名英军将领和那只小船一起带到他面前。他对于这么大胆的计划竟用这么脆弱的工具去执行感到非常惊异,他问道:"你们真的想用这个渡海吗?""是的,陛下。如果您不信,放我们走,您将看到我们是怎么离开的。"

"我放你们走,你们是勇敢而大胆的人。无论在哪里,我见到勇气就钦佩。但是你们不应用生命去冒险,你们已经获释,而且,我们还要把你们送上英国船。你们回到伦敦,要告诉别人我如何敬重勇敢的人,哪怕他们是我的敌人。"

拿破仑赏给这两个英军将领一些金币,放他们回国了。

许多在场的人都被拿破仑的宽宏大量惊呆了。只有拿破仑知道,他的士兵们将从这番话中受到怎样的鼓舞,他的人民将如何赞扬他的宽容无私。他似乎已经听到了士兵们震天的呼声以及巴黎激动的口号。

心灵悄悄话

在我们清理房间的时候,会把一些用过的、破的、脏的、对生活已毫无用处的废弃物清除掉,同样,烦恼和失意也是我们身上的废弃物,同样有必要适时地把它清除掉。用宽容的态度去对待你的"敌人",这样就会表现出你的与众不同之处,也正因为你闪光的人性,使你得到别人的信任和敌人的佩服,这样你就既赢得了他们的心,也取得了最高层次的胜利。

坚信成功,乐观生活

在人生的旅途上,没有谁能一帆风顺,坎坷总是伴随着始终。人生中不会缺乏磨难,不会没有艰辛。人生里总会有困难的时候,总需要我们去面对,我们应该告诫自己,人生没有走不过去的路,没有跨不过去的坎。**当生活喂给我们一颗苦果时,我们应该去品味苦难之后回归的甘甜,去咀嚼出生活中的每一丝滋味。**

著名的凯勒小姐在出生后 18 个月的时候就失聪失明成了个聋哑人,然而却奇迹般地走完了一生。

海伦·凯勒 1880 年出生于亚拉巴马州北部一个叫塔斯喀姆比亚的城镇。在她一岁半的时候,一场重病夺去了她的视力和听力,接着,她又丧失了语言表达能力。然而就在这黑暗而又寂寞的世界里,她竟然学会了读书和说话,并以优异的成绩毕业于美国拉德克利夫学院,成为一个学识渊博,掌握英、法、德、拉丁、希腊五种文字的著名作家和教育家。她走遍美国和世界各地,为盲人学校募集资金,把自己的一生献给了盲人福利和教育事业。她赢得了世界各国人民的赞扬,并得到许多国家政府的嘉奖。

一个聋盲人要脱离黑暗走向光明,最重要的是要学会认字读书。而从学会认字到学会阅读,更要付出超乎常人的毅力。海伦是靠手指来观察老师莎莉文小姐的嘴唇,用触觉来领会她喉咙的颤动、嘴的运动和面部表情,而这往往是不准确的。她为了使自己能够发好一个词或句子,要反复地练习,海伦从不在失败面前屈服。

从海伦 7 岁受教育,到考入拉德克利夫学院的 14 年间,她给亲人、朋友和同学写了大量的信,这些书信,或者描绘旅途所见所闻,或者倾诉自己的情怀,有的则是复述刚刚听说的一个故事,内容十分丰富。在大学学习时,

淡定——动如流水静如玉

许多教材都没有盲文本，要靠别人把书的内容拼写在她手上，因此她在预习功课的时间上要比别的同学多得多。当别的同学在外面嬉戏、唱歌的时候，她却在花费很多时间努力备课。

海伦用顽强的毅力克服生理缺陷所造成的精神痛苦。她热爱生活，会骑马、滑雪、下棋，还喜欢戏剧演出，喜爱参观博物馆和名胜古迹，并从中得到知识。她21岁时，和老师合作发表了她的处女作《我生活的故事》。在以后的60多年中她共写下了14部著作。

海伦所遇到阻难是旁人所无法想象的，生活给她架上一道坎，她用对生活的热情与勇气努力跨过。**人生中，没有过不去的坎。任何困难都会过去的，咬咬牙，都会看到新的曙光迎接你的，不要在阴影中后悔和痛苦。**

生活中我们不必去乞求，也不可能总是阳光明媚的艳阳天，狂风暴雨随时都可能降临。但只要我们有迎接厄运的勇气和胸怀，在低谷和挫折面前不低头，跌倒了再重新爬起来，将自己重新整理，以勇敢的姿态去迎接命运的挑战，只要我们坚信人生没有过不去的坎，就能迎来人生的辉煌。

美国有一种叫"琼斯乳猪香肠"的美食，可谓是家喻户晓。而在它的发明背后还有一段催人泪下的与命运做斗争的故事。

琼斯是该食品的发明人，他原来在威斯康星州农场工作，当时他的家人生活比较困难，但他身体强壮，工作认真勤勉，也从来没有妄想发财。可天有不测风云。琼斯在一次意外事故中瘫痪了，躺在床上动弹不得。很多人都认为这下他这一辈子可交待了，然而事实却出人意料。

琼斯身残志坚，始终都与命运做着斗争。虽然他的身体瘫痪了，但他的意志却没有受到丝毫影响，依然可以思考和计划。他决定让自己活得充满希望和乐观、开朗些，他决定做一个有用的人，他不想成为家人的负担。他思考多日，最终把构想告诉家人："我的双手虽然不能工作了，但我要开始用大脑工作，由你们代替我的双手，我们的农场全部改种玉米，用收获的玉米来养猪，然后趁着乳猪肉质鲜嫩时灌成香肠出售，一定会很畅销！"

正所谓**"天无绝人之路"**，生活丢给我们一个难题，同时也会给我们解决问题的能力与机会。琼斯之所以能够获得成功，就是因为他坚信人生没有过不去的坎，坚信冬天之后有春天。在困难面前，他没有低头，没有被挫折吓倒，而是另辟蹊径，终于迎来了属于自己的成功。

所以，无论面对的是怎样的生活景况，无论生活带给自己的是什么样的痛苦和忧愁，请记住一句话，影响我们生活的不是处境，不是我们的身份，而是我们的心境，要让心情保持永远的畅快。

忧虑是人类所具有的最大弱点之一，它是心情畅快的大敌，但要追溯忧虑的根源，无疑是一些失意，担心和悔恨，如果这些根源或是记忆或是忘记都改变不了它的存在的话，记忆就不如忘记让人轻松。

谁都希望天天拥有一份好心情，但在现实生活中，却常常被各种各样的痛苦与烦恼所包围，不自觉地让坏心情左右自己。

失恋，被老板炒鱿鱼，生意赔钱，股票套牢，人脉紧张这些都会使一个人变得忧虑。有时一件鸡毛蒜皮的小事，也会让人烦恼、忧郁、愁眉不展。契诃夫的小说《一个公务员之死》写的就是一个公务员为一件小事整天担心和忧虑，最后因忧郁而死的故事。这就是坏心情不能及时排遣的恶果。

坏心情是有害的。首先，它会损坏人们的健康。坏心情会使女人老得更快，会使男人的表情难看、皱纹增多、头发脱落，会使人们得糖尿病、抑郁症，甚至精神崩溃，它也会缩短人们的寿命。得过诺贝尔奖的医学博士亚力西斯·柯瑞尔说："不知道怎么抗拒忧虑的人，都会短命。"

坏心情也会降低生活质量，影响工作效率，还会破坏和谐的人际关系。古语说："一人向隅，举座不欢。"一个人整天垂头丧气，周围的人也很难高兴起来。

一位心理专家说："烦恼是具有最大破坏性且不利健康的心理恶习。"因此，必须战胜坏心情，摆脱坏心情的纠缠。

现在有一些年轻人有一种排解坏心情的办法，叫作"情绪化消费"。

一位叫丽达的女孩子，接到男友分手的电话后，她什么也没说，下班后逛遍了临近的大商场，不管有用没用，买了不下 1 万元的衣服。回到家把买来的东西丢到柜子里，抱着毛绒玩具痛哭一场。另一个男青年霍恩，被公司辞退的当夜，满腹委屈地跑到最豪华的酒店，要了最昂贵的洋酒，喝了一个通宵，然后被送到医院，花了一生中最多的一次医药费。……

淡定——动如流水静如玉

总之，当自己有坏心情时，一定要想方设法化解它，但不能采取像丽达和霍恩那样的做法：原来的愁闷不但没去掉，反而添了新的心病。像霍恩，清醒后他的第一个感觉就是：我冒的是什么傻气呀？别的不说，光在医院的那一天一夜扔出去的就有两万美元，为这件事一年没睡过好觉。每当想起冒傻气的事儿，肠子都快悔青了。这种代价太高了，图了一时痛快，弄得自己"财政"出现严重危机，实在是划不来。这种"情绪化消费"方法不值得采纳。

其实，**要化解坏心情，最好的办法就是以一种很超然、很客观的心态对待坏心情**。要学会自我安慰，不要长久地陷在已经发生的不幸事件中，要多想那些能令人心情愉快的事。要明白这样一个道理："烦恼与欢欣……仅在一念之间""自寻烦恼者永远也不会寻不着烦恼"。

有的人能将坏心情变为好心情，是因为他们知道，事实是现实存在的，人不可能熟视无睹，说没有就没有，但心情是可以自己掌握的。好比自己口渴了，有人端来一杯水。如果想破坏自己的好心情，那就可以生气地说："太小气了，为什么不给我买一听饮料？"如果想快乐，就会很高兴地想：终于有一杯水可以解解渴了。这样就会感谢对方，不仅自己心情快乐，对方心情也会快乐。

就像上面案例中的丽达失恋了，霍恩被辞退了，他们心情很坏，怎么办？她疯狂购物，他借酒浇愁；她大哭一场，他大病一场……这些都无济于事。

如果他们不能调整自己的心态，不能豁达地应对遇到的挫折和困难，即使想出任何办法也无法使他们摆脱烦恼。

美国《时代》周刊登过一篇文章，谈到第二次世界大战时，有个士官被炮弹碎片剐伤喉咙，输了七筒血。他写了张纸条问医生："我会活下去吗？"医生回答："会的。"他又问："我还可以讲话吗？"医生回答："可以。"于是那个士官在纸上写道："那我还有什么好担心的？"

其实，自己也可以对自己说："我还有什么可烦的？不就是那么一回事儿吗？"

我曾说过,在生活中,约有百分之九十的事是好的,百分之十的事是不好的。如果想过得快乐,就应该把精神放在这百分之九十的好事上面;如果想担忧、操劳,或者得肠胃溃疡,就把精神放在百分之十的坏事情上。

　　印度大文豪泰戈尔说:"**世界上的事最好是一笑了之,不必用眼泪去冲洗。**"英国大戏剧家莎士比亚说:"我愿意扮演一个小丑,在嘻嘻哈哈的欢笑声中老去;我宁可用酒温暖胃肠,也不用悲哀的呻吟声去冰冷自己的心。"

🦋 心灵悄悄话

　　人生没有过不去的坎,抛弃痛苦,忘却忧愁,从容地生活,才会享受生命的本身,生活在自己面前也才会展现一片豁朗的天空。忧虑是人类所具有的最大弱点之一,它是心情畅快的大敌,但要追溯忧虑的根源,无疑是一些失意,担心和悔恨,如果这些根源或是记忆或是忘记都改变不了它的存在的话,记忆就不如忘记让人轻松。

淡定——动如流水静如玉

第七篇　淡定面对别人的精彩

　　如果我们仅仅想获得幸福，那很容易实现。但我们总希望比别人更幸福，所以失落感总是如影随形。

　　把幸福当成未来生活的奢望以及过往人生的浮华，所得到的不是海市蜃楼就是烟消云散，越是急躁地想去寻求更好的生活，就越是什么也抓不住，什么也留不下。

　　过去不幸的经历就像是看不见的牢笼，将你困在苦痛和伤害里不能自拔，将别人的错误变成了惩罚自己的工具。你必须要摆脱这种恶性循环，解开缚在心灵上的锁链，让自己站在阳光里，将阴影恶狠狠地甩在背后！

嫉妒讨好，害人害己

我们的弊端往往在于：或是虚荣作祟，或者自卑于心，所以看重那些可以炫耀于人的东西；而面对他人的志得意满，嘴角上恭维着，心底里却不屑着。这样，无论何时，自己都是孤寂；因为不懂替别人鼓掌的人，永远也得不到掌声。

在英国一所学校的颁奖典礼上，有位上台领奖的学生意外地被人枪杀了。警方赶到学校后，很快就抓捕了嫌疑犯，大家这时才发现原来嫌疑犯与受害人是同班同学，经过一番细致的盘查后，警方得出了一个结论：嫉妒。原来受害者与嫌疑犯都是班级里的优秀学生，但是受害者的成绩要略好一些，而家境更是要好很多，这让嫌疑犯嫉妒得发狂，于是酿成了这个惨剧，不禁令人唏嘘不已。

有人说人生来就是在比较中成长的。我们总是羡慕别人有一份美满的爱情，妒忌别人有一份理想的工作，总是眼馋别人过着富裕的生活，嫉恨别人天生一副好身材、好面相，虽然表面上还要恭维几句，暗地里却常常心怀恶念；同时我们又常常这样想：为什么别人会比我过得要好，为什么过得好的人不会是我。**人人都渴望过得更好，但是这个"好"并没有一个标准。所以多数人都希望自己比别人过得更好，却见不得别人要比自己过得好。**

很多时候，我们并不在意自己能否过得好，反而处处去参照别人，看看别人是否过得好，然后形成一种比较。我们似乎并没有什么特定的生活目标或者幸福标准，只是单纯地以别人作为参考，自己的生活无论如何糟糕都可以接受，但是却不能容忍别人的生活超过自己。**我们习惯了忽略自己是否足够幸福，而是紧紧把握住别人的幸福动向，理由似乎很简单："你的**

不幸才是我的幸福。"

我们要扩大自己的心量，容得下自己的快乐，也要容得下别人的幸福。看到别人得到了快乐，看到别人得到了利益，你应当随喜，应当为别人感到开心。即便没有这样博大的胸怀，也要懂得引导自己的情绪。不要用恶意的眼光来对待别人，不要把别人的幸福当成一种包袱，更不要变成一种自我伤害。

妒忌别人的人伤害的往往却是自己。 时时记挂着别人的幸福，就会使自己受挫的心态更加失衡，更容易失去对自我生活乐趣的体悟，最终将自己的幸福错过，无端陷入更大的痛苦之中。有人问亚里士多德："为什么心怀妒忌的人总是难以快乐呢？"亚里士多德简单地回答说："因为折磨他的不仅仅是自身所遭受的挫折，还有别人的成就。"

每个人都想要比别人过得好，但是嫉妒只会让自己的生活变得更加糟糕。嫉妒别人能够对自己的生活带来什么改变吗？其实别人过得好，与我们有什么关系？该穷的还是要受穷，该富的自然还是变富；该有还会有，不该有的还是不会有。幸福的多与少，来或不来，根本不关别人的事。别人幸福了，并不会剥夺你的幸福；别人陷入不幸时，你也不会因此得到更多的幸福。

我们需要明白一点：别人的好坏不会拯救和改变你的生活。将别人的幸福当成自己人生的伤痛来对待，完全是多余的。一个人若以为自己可以在别人的失意中找到幸福的快感，那么才会是人生的悲剧。嫉妒的人容易陷入执迷，而人生应该更加豁达地看待别人拥有的一切，没有必要为此感到耿耿于怀。别人得到了幸福那是别人的福报，我们何必去干预呢？

传说有个人有幸遇到了神，神对他说："我可以满足你的任何一个愿望，但条件是，你的邻居将得到双份。"于是这人先是大喜，继而大悲，终而大怒：天！我的邻居将比我多一倍！假如我得到一块金子，他将得到两块；假如我得到一个美女，他将得到两个！这怎么行？不！我无论如何不能看到这样的现实！于是他对神说："万能的神啊！你先把我的眼睛挖了吧！"

有一只乌鸦一出生就比别的乌鸦白些，因此它备受同类们的宠爱。别的乌鸦也因它而骄傲，心想谁说天下乌鸦一般黑？这只乌鸦就在这样一种氛围之中长大了，它时常欣赏着自己的羽毛，越发觉得自己的尊贵。

一天，一群白鸟从天空飞过，乌鸦们纷纷赞叹，说那些鸟儿就像雪一样白。那只乌鸦心里很不是滋味，再低头看自己的羽毛，第一次发现自己是那样地黑，虽然自己要比别的乌鸦白得多。

从那以后，它再也快乐不起来了。

无论是人还是动物，道理都是相同的。**嫉妒心就是一把伤人的剑，而划伤的往往会是我们自己。**其实，当你嫉妒别人幸福的时候，是否想过也许有人也在嫉妒你的幸福，我们又是否愿意看到别人用恶毒的眼光来看待自己。生活给予了每个人幸福的权利，如果你真的想要比别人过得更好更开心，就应该努力去寻找自己的幸福，而不是妒忌和破坏别人的幸福。嫉妒别人幸福的人，损失的是自己的福报，所以往往都找不到自己的幸福。

"欲无后悔须律己，各有前程莫妒人。"每个人都有自己的生活要过，都有自己的道路要走，都有自己的幸福要享受，何必要执着在别人的快乐上不肯放手。妒忌别人获得的东西，只不过是让自己活得更加痛苦而已，甚至会促使自己犯下错误，而且最终会因此失去自己手上拥有的东西。既然自己的幸福都没有时间好好体味一下，又何必浪费时间和精力去理会别人的幸福呢？

有个哲学家说："记住，你就是独一无二的。"作为一个独一无二的人是没有必要去嫉妒别人的，否则只会不断拉大双方的差距。**须知嫉妒总是在无形中提升了别人的幸福，却也在无形中让自己的幸福不断贬值。**对别人来说，被人嫉妒也会是一种独特的祝福，但对你来说，嫉妒别人却不过是进一步降低了自己，最终成为了别人幸福的陪衬。

别人并不是我们生活的审判者，也无法决定我们人生的好坏，我们自然也无须太过在意别人的看法。**人生最痛快的事莫过于：做自己想要做的事情，想自己想要想的东西，去自己想要去的地方，人生的种种皆由自己做主决定。**

我们总是特别在意别人对自己的看法，在意别人怎样说自己，在意别人怎样看待自己，在意别人如何评价自己，所以为了得到别人的认可，我们常常会委屈自己的性情去讨好别人。常常别人说好，我们就认为是好的，并坚决贯彻执行；别人说不行，我们就坚决反对和放弃。我们没有勇气说出自己的看法，没有勇气坚持自己的主张，总是屈就自己，按别人的意思行事。

然而人生的路始终都是自己走的，我们应当为自己而活着，按照自己最想要的生活方式去生活。生活是为了让自己可以过得更加开心快乐，而不是为了去更好地取悦别人。人要活给自己看，每个人都有自己的活法，每个人都有自己的评判标准，我们没有必要把自己的生活权利交到对方手中。

很多时候，我们需要意识到这样一点：**人生中，也许我们只有这样一次机会去做这些事，错过了也就永远错过了，所以我们必须要为自己活着。**

当然，能够得到别人的认可是每一个人的心愿，没有人希望自己被人排斥和否定，但是也没有人能够让所有人都满意，即便你做得再好再完美，依然会有人唱反调。社会学家说一个人的周围总有百分之三十的人不愿意接受他的存在，总是有百分之三十的人不相信他。可见想讨好所有人根本就行不通。有人说讨好每一个人就是得罪了每一个人，因为总是有人持有不同的标准和看法，到最后只能让你更加矛盾，更加烦恼。

有一家大公司要招聘一位市场人员，丰厚的薪水和良好的福利待遇吸引了不少报名者。经过笔试和面试，有三个人进入最后的测验。

第一个应聘者一见老总亲自面试，不免心慌意乱起来。面对未来老总的问题，应聘者根本不敢正面驳斥。损了老板的面子，自己哪还有录用的机会？

第二个应聘者也是如此。

很快轮到了第三位，老总威严地扫了他一眼，提了许多问题，应聘者对答如流。老总嘴角露出一丝微笑。突然，老总提出一个涉及个人隐私且十分尖刻的问题。应聘者一听，不禁有些气恼，但仍然平静而有礼貌地指正了老总。老总不同意他的观点，两人便言来语去地争论起来。

最终，第三位应聘者气冲冲地走出面试室，遇到了先前的那两位应聘者，这才得知那位面试官就是集团公司的老总。他想起刚才和老总争辩的场面，心想自己无论如何都不会被录用的。但结局却出乎意料，真正被录用的是第三位应聘者，因为他能够说出真实的想法，而不是一味地讨好。

过分讨好别人的人，因为太过迁就别人的意愿，所以很容易迷失自己，不明白自己到底需要什么，也不清楚什么才最适合自己。**我们没有必要通过讨好别人来换取一点儿所谓的尊重和认可，任何人的幸福都不会是别人给予的。**自己的幸福需要自己做主，因为只有我们才是自己的主人。

有位哲学家说："人生最值得懊悔的事情不是自己曾经作了错误的决定，而是自己连作出错误决定的权利也不曾把握住。"能够寻求别人的意见固然好，但我们也应有自己的主见。

很多时候，我们以为讨好上司和朋友是为了尊重，然而一个人只有先懂得尊重自己，才能去尊重别人；我们以为全身心地取悦爱人是为了顾全爱情，是爱的表现，然而一个人只有爱自己，才能去爱别人。如果连自己也不爱，那么如何去爱别人呢？**一个对生活有主见且不轻易屈从别人的人，才值得别人去敬重，才值得别人去爱。**

人要活出自己的价值，要全心全意地为自己活一次。有位资深的电影人说过："**最好的演员不是单纯取悦观众的人，而应该是演出最好的自己的人。**"人生如戏，我们站在生活的舞台上，不完全是为了观众的掌声，也是为了展示出自己的价值，所以要坚持自己的台风，坚持自己的品行，坚持自己的演出方式。人生应该是演好了角色而赢得观众的掌声，而不是为了迎合观众的掌声而演一个角色。任何时候，我们要懂得要为自己而活。

心灵悄悄话

我们要扩大自己的心量，容得下自己的快乐，也要容得下别人的幸福。看到别人得到了快乐，看到别人得到了利益，你应当随喜，应当为别人感到开心。即便没有这样博大的胸怀，也要懂得引导自己的情绪。不要用恶意的眼光来对待别人，不要把别人的幸福当成一种包袱，更不要变成一种自我伤害。

忘却自卑，坚持自我

哲人说："笑着面对，不去埋怨。悠然，随心，随性，随缘，注定让一生改变的，只在百年后，那一朵花开的时间。"人生需要一点儿自欺欺人的精神，这正是忘却烦恼的最好办法。

生活中没有最好，只有更好，所以我们总是对别人的成就、身份、地位、财富，对别人的家世、事业、爱情羡慕不已，希望自己有朝一日能够拥有对方那样的生活，甚至千方百计地想要接近这些人。但是现实永远就是现实，我们渴求得到改善，而环境却并不改变，我们反而越难以释怀。

我们常常会想为什么别人就会有那么好的运气呢？为什么自己这辈子都要活在别人的阴影下？其实，**阴影的出现并不是因为别人比我们更高大，不是因为对方遮蔽了我们的身影，而是我们常常把别人看得太高大，而把自己看得更加渺小，不由自主地走进别人的阴影之中。**

在适当的时候，要懂得看低那些我们妄想的人和事，降低自己的兴趣，这样就可以在心理上缓解我们可望而不可即的痛苦，面对富贵者，我们有理由嗤之以鼻——"当年比你阔多了"；面对貌美的年轻人，我们可以大胆地说，"到我这样的年纪，你未必会比我好"；面对那些身份高贵的人，我们有底气说："将来我一定比你混得要好。""阿Q精神"在适当的环境中就是自我安慰的一种方法。

我们需要给自己一点儿借口和理由。古人说："晚食以当肉，安步以当车。"我们羡慕有肉有车的生活，但是现实不能满足我们的要求时，想多了只会是痛苦。不妨转变一下思维："无肉无车的生活才更加美好呢！我就喜欢过这样的日子。"**只有看开并放下别人拥有的幸福，才能给自己一个幸福的理由；而只有把别人的幸福看得比自己的幸福更低时，我们才能坦然地放下别人的幸福。**

淡定——动如流水静如玉

当我们见到别人的锦衣华服、宝马香车的时候，不要急于去羡慕。换个角度去想，生活也不过如此！这并不算什么，也不值得去羡慕和嫉妒，我们要懂得说服自己，我也会有这么一天的。别人的光芒越是闪耀，我们在心中便要将它看成黯淡无光，这样我们才能克制自己的欲望和冲动，才能减少内心的痛苦和烦恼。人生何必总是把别人的幸福看得那样好呢？别人的幸福在我们眼中也许一文不值。

一个人也就这么一辈子，它不容我们从头再活一次，哪怕回头过一天、一分、一秒都不可以。所以，每一分、每一秒都亥快乐地度过，哪怕是用一点儿"自欺欺人"的手段。

其实，我们不要仅仅把目光停留在那些优秀的人身上。人生的痛苦既然是因为比较而产生的，那么我们就要在比较中消除痛苦和烦恼；人生的幸福体验既然是在比较的过程中遗失的，那么我们不妨在与人比较的过程中将它寻找回来。

我们不要总是想着那些比我们优秀、比我们过得好的人。没有同富人计较的资本，就不妨看一看那些比自己更穷的人；没有同强者攀比的资格，就不妨看一看那些比自己更弱的人；没有天穹这般高度的话，且不妨看看脚下踩着的大地。**做人不要总是活在别人的阴影之中，既然社会现实注定了差距的存在，我们何必非要寻找人生的标杆呢？殊不知还有人会羡慕我们呢！**

《伊索寓言》里有一个家喻户晓的故事，说的是一只饥肠辘辘的狐狸路过一片果林，看见架上挂着一串串葡萄，垂涎欲滴，可是却怎么也摘不到，它只得悻悻离开，并且说：葡萄那么酸，还是不吃的好。后来，人们就常用这个来比喻自己得不到的东西也就姑且当它是不好的。与之相反的还有一种"甜柠檬"心态。大家都知道柠檬是酸的，可是为何偏偏说成是甜的呢？"甜柠檬"是指自己拥有的东西就是好的，要学会接纳自己，随缘自适。这两种心态都是一种自我安慰式的心态。

在实际的生活当中，我们时常遇到这样的事情：同时出山的一对好朋友，一个一帆风顺，飞黄腾达；另一个一路坎坷，每况愈下。后者看前者，难免就会生出一种酸溜溜的感觉，除了敬佩，还隐含着些许嫉妒与不平。别人得到了，自己却为何得不到，是世道的不公还是自己的努力不够？这些想法时时会犹如怀揣着一只小老鼠般啃啮着自己,折磨着自己。其实,朋友得到的多,付出的也多,这么辛苦不如自己这般平平淡淡地过日子来得实在。这样想来,就找到了一种心理平衡。

我们常常感叹自己的不幸和卑微,但是却不知道这世界上还有比我们更为不幸、更为卑微的存在;我们完全可以充满自信地活着。当别人穿着名牌鞋时,我们没有必要为自己穿着一双普通的鞋而自卑,不妨回过头看一看那些无鞋可穿、赤脚走路的人;当我们无鞋可穿的时候,也没必要羡慕那些有鞋穿的人,殊不知这世界上还有许多没有脚的可怜人。

见人幸福,也须知人辛苦。有人比我们过得更好,就有人会比我们过得更差,这就是生活。我们不要只看到自己与别人的差距,而忽略掉别人与自己的差距。我们常常觉得自己的快乐都被别人的幸福吸引走了,在别人的光环下,我们总是渺小得可怕,但是我们忘记了一点:自己也能放光发热,自己也在无意中掩盖掉了别人的光芒,将别人笼罩在阴影里。

生活就是如此,不要处处都去争最好。别人那些所谓的幸福也许非常诱人,但是得不到的就是得不到,与其抱怨现实的苦难,让自己痛苦不堪,还不如自我满足、自我安慰一下。做人不妨糊涂一点儿,很多时候糊涂未必是坏事。当生活让你清醒地意识到现实的差距时,我们不妨糊涂一些,不妨给幸福来一个模糊的定义。而幸福原本就没有绝对的标准,只要我们快乐就好。

幸福可以借鉴,但不能被借用。幸福是无法被复制的,人生要懂得自作主张,不要亦步亦趋地跟随别人。每个人都有自己的生活方式,都注定要留下自己的脚印。跟着别人的脚印走,必然会迷失了自己的方向,丢失了自己的人生。

有人下海经商赚了大钱,我们便趋之若鹜地跟着下海;有人步入官场平步青云,我们便又向往起仕途的美梦;名校多出高才生,我们便削尖了脑袋往里面挤;外国留学有前途,便又蜂拥着跑到国外。如今的社会,抽奖的、炒股的、相亲的,都喜欢跟风;然而跟风不是因为生活的需求,而是我们习惯了将它想象成一种需求。

社会太浮躁,我们从未想过这些路到底适不适合自己,从未想过自己的路到底该怎么走? 甚至从来没考虑过自己的路究竟在哪里? 我们只是

淡定
——动如流水静如玉

喜欢跟随,别人以为好的,我们也以为很好;别人走过的成功之路,我们也认为自己会走得成功。然而事实上,当我们踩着别人的脚印前进的时候,往往已经注定了要面临一个错误的结局。

生活总是被潮流推着走,我们也喜欢跟着潮流走。**不过第一个吃螃蟹的人往往懂得引领潮流,第二个吃螃蟹的人则只会追赶潮流,而第三个吃螃蟹的人注定了只能随波逐流。**追随中的幸福感很容易打折,也常常出现意想不到的危险,所以有人说:"嚼别人嚼过的馍是没有味道的。"

我们要做第一个自己,而不是第二个别人。别人留下的脚印未必就是通向光明的指标,还有可能令我们陷入陷阱之中。

股神巴菲特说:"当别人贪婪时,要懂得害怕。"一味跟随别人的脚步,虽然常常能够看到幸福向自己招手,但是最后却往往发现其实已经走上了一条错误的道路。生活难免会欺骗人,它总是给我们留下许多幸福的门路,等到我们高高兴兴地踏上征程后,循着路标前进时,却发现前面出现几个大字:此路不通。也许它曾经走通过,但是我们却不再是第二个幸运儿。

当我们努力踏着别人的脚印前行时,幸福往往只会变得更加遥不可及。同一条路上,不同的人往往都看着不同的风景。想要体味属于自己的美景,就需要走出自己的道路和风格,需要走出自己的方向和气度。

有一个男孩儿,因为成绩实在太糟糕,被不同的学校像皮球一样踢来踢去。他的自尊心受到极大的打击,终于有一天,他问父亲:"我是不是很笨。"父亲说:"当然不是。""那为什么无论我如何努力也赶不上其他同学?"父亲无语,只是慈爱地摸摸他的头。

男孩儿开始变得越来越自闭,平常总爱待在自己的小屋内。有一天,父亲发现他的床头铺满一张张图画,很是好奇,翻开看看,顿时哭笑不得。原来,儿子把在学校所受的委屈和打击全都发泄到了画纸上,他画他的老师被西瓜皮滑倒,画同学被马蜂狂追……看着看着,父亲突然眼前一亮,然后把散落在床头的画一张张叠好,用夹子整齐地夹在一起。

男孩的成绩依然很差,父母经常被老师叫去训斥。但他从来没有训斥过儿子,任由他躲在自己的世界里自由自在地画画。时间长了,男孩反而觉得奇怪,以为父亲已经放弃了他。父亲沉默良久后说:"周末我带你到动物园去玩吧。"

那天,动物园里人来人往,在一只威猛的老虎前,父亲回答了儿子的疑问:"人和动物一样,都有各自不同的天赋。老虎强壮,善于奔跑,猫则温顺、灵敏。猫虽然不能像老虎那样威风和霸气,但也具备老虎不具备的天赋与本领,它能上树,能抓老鼠。人们都希望成为老虎,而这其中有很多是猫;久而久之,就有了一批烂老虎。儿子,你不擅长文字,但却对图形非常敏感,为什么放着优秀的猫不当,偏要当很烂的老虎呢? 我不希望你成为一只烂老虎,我相信你一定能成为一只好猫。"

男孩在二十五岁那年终于成为了漫画界炙手可热的人物,凭借《双响炮》《涩女郎》等作品红遍东南亚。他就是朱德庸。

世上没有两片相同的树叶,也没有完全相同的人生。幸福需要创造,而不是单纯地模仿和复制。有人喝咖啡可以喝出浪漫,有人却只能品尝出苦涩。如果自己适合喝茶,那么就没有必要从咖啡中找到生活的情趣。

幸福就藏在生活之中,每个人都可以打开幸福之门。但是人人都有自己的密码,我们要找到属于自己的幸福密码,然后才能把握住生命的精彩。幸福始终都在自己的生活里,始终都是属于自己的,所以我们要活出自己的人生,活出自己的精彩,享受独一无二的幸福。

心灵悄悄话

生活就是如此,不要处处都去争最好。别人那些所谓的幸福也许非常诱人,但是得不到的就是得不到,与其抱怨现实的苦难,让自己痛苦不堪,还不如自我满足、自我安慰一下。做人不妨糊涂一点儿,很多时候糊涂未必是坏事。当生活让你清醒地意识到现实的差距时,我们不妨糊涂一些,不妨给幸福来一个模糊的定义。而幸福原本就没有绝对的标准,只要我们快乐就好。

淡定——动如流水静如玉

花开花谢，无须感怀

问心无愧地做事，认认真真地做人，然后，抛却世事的华丽与浮躁，冷眼旁观外界的诱惑和纷扰，在柔软的内心深处，把自己还原成那个本真纯洁的自我。

有位话剧演员的演出获得了巨大的成功，大家都为他感到高兴，他自己也是情难自禁，但他的老师却显得格外冷静。演员感到很纳闷，难道自己庆祝成功的行为让老师感到不舒服了，抑或是老师对自己的演出还不满意？于是就去向老师请教。

老师淡然地说道："你今天的演出的确非常成功，但我不会祝贺你。"演员听了感到有些疑惑，不知老师说的是什么意思，于是便问原因。老师语重心长地告诉他说："你要记住自己是一名演员。你站在舞台上，不是为了观众去演，也不是为了自己的名声去演，只是因为你是一个演员。"

生活教会了我们如何进行比较，使我们增长了分别心，知道了贫富，知道了尊卑，知道了苦乐，知道了得失，知道了如何在别人眼中窥视自己的幸福。我们不再着眼于寻求自己的幸福，而是执着地追求社会的幸福指标，将自己的人生坐标建立在社会的坐标之上。我们不再单纯地生活，而是自觉或不自觉、有意或无意地负起了世俗的评判标准。我们不再活在自己的世界里，而是活在别人的眼中。

我们接触社会、融入世界以后，就成了一个社会产品，从此为别人而活：我们的价值观是别人决定的，我们的生活方式是别人造就的。其实并不是生活选择了我们，而是我们选择了生活。**我们该选择的应是自己的、自在的、自然的生活，因为越是自然自在的东西，越是接近和从属生命的**

本质。

　　有一个小女孩每天都从家里走路去上学。一天早上天气不太好，云层渐渐变厚，到了下午时风吹得更急，不久开始闪电，打雷，下大雨。小女孩的妈妈很担心，她担心小女孩会被打雷吓着，甚至被雷打到。雷雨下得越来越大，闪电像一把锐利的剑刺破天空，小女孩的妈妈赶紧开着她的车，沿着上学的路线去找小女孩。但找到小女孩的时候，妈妈却发现，每次闪电时，她都停下脚步、抬头往上看，并露出微笑。看了许久，妈妈终于忍不住叫住她的孩子，问她说："你在做什么啊？"她说："上帝刚才帮我照相，所以我要笑啊！"

　　孩子为什么能够感受到单纯的快乐？因为只有孩子的心最简单，最直接，最本真。**很多时候，我们之所以感到困惑，感到烦恼，感到痛苦，感到压抑和劳累，只是因为我们一直都功利地活着。**我们总是认为人生需要一个特定的理由和目的，或是为了证明自己，或是为了展示自己，或是为了别人的掌声和鲜花，或是为了给自己扩展更大的空间。人生总是逃不开牵牵绊绊，所以一直不能真正地、彻底地为自己活上一次。

　　你是否给自己留下一分钟甚至一秒钟做回自己？我们常常忘记了自己的模样。其实，我们应当做一朵自在的花，不论开在闹市，开在幽谷，开在花园，开在窗台，开在山野烂漫处，开在遍地荒芜中，都只是静静地绽放一个属于自己的春天。我们只需天地一隅，只需一抔之土，只需随意的阳光雨露，那便可以自在成长，可以自在消亡。这样的人生，有风时可以独自翩翩起舞，连花的飞逝也是那样华美；无风时也能够在寂静中独处，连寂寞也那样销魂。

　　我们要时刻告诉自己："我不是春天衣饰上的纽扣，更不是蝴蝶翩飞时的伴舞。"**人生不是世界的附属品，我们只为自己而活。**哲人说："活出自己真正的生命来，否则生命就失去了意义。"有那样一朵花，它不为春天而开，不为蝴蝶而醉，不为细雨心碎，不为东风而谢，它从不刻意展示美丽，也无须与人争艳。生命本身已足够伟大。

　　生活中可以没有掌声，可以没有羡慕的目光，可以没有热切的爱意，也

淡定——动如流水静如玉

可以没有夺目的光环，而我们依然可以活出自己的精彩，依然可以觉得很快乐。**花开了是一个故事，花谢了又是另一个故事，然而故事的主角永远都是自己**。我们是生活的主人，人生有好有坏，有浮有沉，有喜有悲，我们要自在地承受，自在地面对。

我只是我，我只为自己而活，只为自己的生命而绽放，只为自己的生命而消亡，无关别人的钦羡，无关别人的鄙夷，无关他人的关注，也无关他人的冷落。生活给了我们足够的生存空间，我们没有必要走进别人的世界，也无须别人走进我们的世界。

花开是无意中的一次回眸，花谢是不经意的匆匆别离，于人世而言，不过是一次无声的轮回；从世界寂静处看来，只是淡然地开着，淡然地谢去，无关风雅的评说，无关风月的嫉妒。其实，人生匆匆，又何必要过得那样复杂？我们是为自己而开、为自己而谢的一朵花，这就是最大的幸福，因为幸福就是自在地为自己而活。

我们的人生：不需要向别人交代，那些指指点点的手指不能替你选择人生的方向，不会影响你人生的最终落点，所以何必为别人的目光所累呢？尽力就好，成败皆淡然。

有位短跑名将在某次比赛中只获得了第六名，许多忠实的粉丝和观众无法忍受他跑出这样糟糕的成绩，场地上嘘声一片，有些记者甚至不怀好意地问道："跑出这么难看的成绩，你该如何面对支持你的观众呢？"这位短跑名将沉默了一会儿，然后礼貌地说："我没有必要为这样的结果耿耿于怀，也没有必要在乎别人的看法，因为我确实已经尽力了，我自认对得起所有的观众。"

的确，人生处处都可能会有不得意，每个人都会面临各种各样的失败。人们都希望做到更好，甚至是最好，为了自己的梦想和荣誉，也为了身后默默支持的目光，但是总会有不得已要辜负别人的厚望的时候。

失败固然让人感到苦恼。然而我们之所以觉得烦恼，有时候只是因为太过在乎别人对我们的看法，太在意别人会如何评价自己，所以一旦失利就会背上沉重的思想包袱。**一个人宽恕自己的失败并不困难，难的是乞求得到他人同样的宽恕。**别人的想法和观点，别人的看法和眼神，总是轻易就影响我们的情绪。因为我们习惯于借助别人的认可来承认自己，习惯于借助别人的评价来定位自己的人生,所以总是为别人而活着,为别人而努力奋斗。

我们失败或失意时,常常会担心自己如何给别人一个交代,惧怕自己的表现让别人失望。我们缺乏必要的自我认知系统,一切似乎都在围着别人转。我们渴望得到别人的赞美和表扬,渴望得到别人的认同,却在不经意间将自己纳入别人的评价系统中,让自己活在别人的眼神里。

很久很久以前,有一个美丽的花园,里面满是苹果树和橘子树,还有美丽的玫瑰,她们都很开心,很满足。只有一棵树感觉很悲伤,因为这棵树有一个问题:她不知道自己是谁。

苹果树说:"你需要集中注意力,如果你真的愿意的话,你会生出很多可口的苹果。你看就是这么简单。"玫瑰花叫着说:"不要听她的,盛开玫瑰花其实更简单,你看看我们多么美丽啊。"这棵可怜的树尝试了她们所建议的一切,但是她还是不能像她们一样。

有一天花园飞来了一只猫头鹰,它是鸟类中最有智慧的了。它看到了这棵树的绝望,就说:"不用担心,你只是和地球上所有的人类一样而已。我建议你:不要把你的生活都浪费在别人希望你如何的事情上,你只需要聆听你内在的声音,做你自己,了解你自己。"

这棵绝望的树忽然明白了,她捂住自己的耳朵,然后她听到了那个内在的声音:你永远也生不出可口的苹果,因为你不是一棵苹果树;你也不会在春天开花,因为你不是玫瑰丛。你是一棵红树,你的使命是茁壮成长,然后枝繁叶茂。你要给鸟儿提供巢穴,给路人提供阴凉,让乡村更美丽。去做吧! 这棵树知道了自己是谁,就决心做她本来的样子。很快,她就生长得很繁茂了,她的绿荫覆盖了很多面积,她也越来越被其他人所尊重和敬仰。整个花园都真正地快乐起来。

其实,一切的努力首先都是为了自己。我们只为自己活着,幸或不幸,都需要自己来承受,需要自己去把握和应对。成功了,喜悦是自己的,幸福也是自己的;失败了,痛苦也应该是自己的,而不是寄托在别人的看法上。为了别人将如何看待自己而活着,这样的人生实在太过虚荣和劳累。

淡定——动如流水静如玉

　　人生有输有赢,有得有失,结果远没有想象中那样重要,只不过我们常常将这个结果与别人的目光联系到一起。事实上,只要自己尽力了,就对得起自己的作为,就已经给了自己一个完美的交代,并不需要去向其他人作什么交代,即便要有所交代。你竭尽全力地展示自己和发挥自己的能力,这就是最好的明证,证明你并没有将他人的期望抛诸脑后。

　　自己的生活自己做主,只要尽心尽力了,哪怕结果不尽如人意,我们也无须感到自责,无须感到遗憾,无须在乎别人会如何给予谩骂和讽刺。人生最重要的就是全力走好自己的路,至于走到什么程度,走向了哪里,遇到了什么困难,我们则无须太过计较。路不是为别人走的,生命也不是为了别人而存在的。一个人首先要对得起自己,这样才能对得起别人。只有给自己一个交代,才能给别人一个交代。做人只要问心无愧,又何须在意结果如何,又何须在意别人如何看待这样的结果,如何看待你?

　　生活始终都是要自己把握的。好或坏,得或失,幸或不幸,往往不是我们自己能够控制的事情,我们只需要控制自己,努力把握好生活的每一步,这样就足够了。没有必要把别人的价值观牵扯进来,因为我们从来都不是为别人而活的,我们没有必要在承受失败的同时,额外地承受外在所给予的压力。人生只需要痛痛快快地活着。痛痛快快地奋斗一场,这就是对生活最好的回报,于己无忧,更是与人无忧。

心灵悄悄话

　　花开是无意中的一次回眸,花谢是不经意的匆匆别离,于人世而言,不过是一次无声的轮回;从世界寂静处看来,只是淡然地开着,淡然地谢去,无关风雅的评说,无关风月的嫉妒。其实,人生匆匆,又何必要过得那样复杂?我们是为自己而开、为自己而谢的一朵花,这就是最大的幸福,因为幸福就是自在地为自己而活。

摆脱枷锁，独立自主

过去不幸的经历就像是看不见的牢笼，将你困在苦痛和伤害里不能自拔，将别人的错误变成了惩罚自己的工具。你必须要摆脱这种恶性循环，解开缚在心灵上的锁链，让自己站在阳光里，将阴影恶狠狠地甩在背后！

人生中总有一些人会成为我们介怀的对象，憎恨的、抱歉的、厌恶的、忌讳见到的、害怕面对的，让我们一直难以释怀。他们就像黏附在心里的灰尘一样，无法轻易从生活中抹去，无法轻易从脑海中淡忘；他们就像影子一样处处跟随着我们，摆脱不了，也掩盖不住。当我们见到这些人时，我们就会感到心里非常压抑，感到自己的生活突然就变得不自然了。

当我们越在意和害怕某些东西时，它反而会更频繁地出现，更加紧密地影响我们的生活。童年时受到的欺负、青春时失去的爱情、成年后遇到的挫折，都可能在我们的心底留下难以磨灭的伤口，成为挥之不去的心理阴影。

我们总是太过在意别人对自己的看法，太过在意别人对自己做了什么，说了什么。别人有意或者无意的伤害轻易地就在我们的记忆中刻上划痕，我们为此常常会觉得再也无法抬起头来做人，觉得自己真是愚蠢和胆怯，也觉得生活已经黯淡无光。其实宽恕的已经宽恕，宽恕不了的也在时间中被冲淡了，无论别人对自己说了什么，无论自己曾对别人说了什么，一切都应该放下了。

其实已经过去的就坦然地让它过去吧！那些匆匆而过的人和事，既然已经成为了记忆中的往昔，那么我们又何必一直记在心上呢？如果有人让你感觉到了不痛快，让你感觉到了烦恼，那么最有效的方法就是将他彻底忘记，将不开心的事情彻底忘掉和放下。**人生免不了被这些烦恼的事纠缠一时，但不要被它们纠缠一世。如果放不下心中的阴影，那才是痛苦真正**

的开始。

一个寓言可以告诉我们,痛苦是如何变成挥之不去的阴影的。

"影子真讨厌!"小猫杰瑞和托比都这样想,"我一定要摆脱它。"然而,杰瑞和托比发现,无论走到哪里,只要阳光一出现,它们就会看到令它们抓狂的影子。

在冥思苦想之后,杰瑞和托比最终都找到了各自的解决办法。杰瑞的方法是:永远都闭着眼睛。托比的办法则是:永远待在其他东西的阴影里。

面对曾经遭遇的痛苦,我们通常的解决办法就像那两只小猫:要么彻底扭曲自己的体验,对生命中所有重要的负面事实都视而不见;要么干脆投靠痛苦,把自己所有的事情都搞得非常糟糕——既然一切都那么糟糕,那个最让自己伤心的事情就不再那么疼了。

但是,**走出阴影的方法只有一个——直面痛苦**。直面痛苦的人会从痛苦中得到许多意想不到的收获,而它们最终会变成我们的生命财富。

美国人罗杰斯曾是最孤独的人,但当他面对这个事实并化解后,他成了真正的人际关系大师;美国心理学家弗兰克有一个暴虐而酗酒的继父和一个糟糕的母亲,但当他直面这个事实并最终从心中原谅了父母后,他成了治疗这方面问题的专家;日本心理学家森田正马曾是严重的神经症患者,但他最终发明了治疗神经症的森田疗法……他们生命中最痛苦的事实最后都变成了他们最重要的财富。

伤害往往是别人造成的,痛苦却常常是自己附加的——别人给了我们一片阴影,我们便义无反顾地要在阴影中生活下去。事实上没有人会在意曾经发生的事情,除了你自己。别人或许早就遗忘了这件事,只不过我们心里依然看不开放不下,所以不论是为了证明还是为了逃避,我们一直都活得不够坦然,一直没能摆脱别人的阴影。

时间总是轻易地带走过往的很多人、很多事,只要记得当时就好。而走过之后,我们无须放在心上。因为我们要活在自己的空间里,而不是活在别人的世界中。背负着别人一起生活只会让幸福打折。有人说:"**在恨了别人五百年之后,最终发现最该恨的其实是自己。**"是自己的执着一手摧毁了幸福的生活。别人只是递过来一颗种子,而种下恶果的却是我们自己。

别人也许会在不经意间给我们蒙上一层阴影,但是生活总是要向前的,我们总是要走自己的路。因为别人的一句话而耿耿于怀的人负担不起多大的重量,只能走在别人的阴影里,一辈子都挣扎在过往的人和事当中。

越想摆脱阴影的人越容易陷入阴影之中,越想忘记痛苦的人越容易感觉到痛苦。我们渴望自己能够走出阴影,但是却从来都不知道放下。所以痛过的人虽然更想要抓住幸福,但是却总是抓不住;不是因为对幸福的渴求不够,而是痛得太深,太投入,太执着。**生活需要阳光,需要豁达淡定的心态,而当我们转过身漠视别人留下的阴影时,就能够见到生活里的阳光,就可以体味属于自己的快乐和幸福。**

有时候,我们会不小心变成一个幸福的寄生者,轻易地把一生一世的幸福维系在别人身上,希望对方可以将自己当成生命中的全部来看待。然而希望越大,失望就越大,我们满心欢喜等来的往往只是一个不可靠的承诺。

当我们有了爱人时,常常把一切都托付到对方身上,并乐于相信对方才是幸福的全部,相信只有对方才能带给自己真正的幸福;当我们有了朋友时,常常把所有的希望都放在朋友身上,坚信只有朋友是自己的精神支柱和坚强后盾,相信只有朋友能够给自己的幸福带来足够的保障。我们常常感动于别人的那一句"我可以给你带来幸福",常常为那一句"让我来撑起你的天空"而感激涕零,满心欢喜。

然而,**将幸福寄托在别人身上只会将自己的软弱和不自信无限放大,并最终成为人生的缺口,给自己的幸福埋下祸端。**生命中的他或她并不是你人生的保护伞,他们可以给你一时的愉悦,却很难给予你一世的幸福。那个你全心全意用来爱、用来尊敬、用来寄托的人,也许并没有想象中的那样完美,他可能不会长久地为你遮蔽风雨,不能为你出生入死,不愿永远给予你幸福的保障。没有人是别人的救世主。他可以轻易给予你一个诺言,但他也可以轻易放弃自己的诺言。世事总是无常,我们无法保证别人始终如一。

没有人可以保证能够一辈子承载着别人的幸福和希望,没有人可以保

淡定
——动如流水静如玉

证自己不会改变。一旦失去这承载，受伤的永远都是无辜且执着的我们。我们常常陷得很深，我们痴迷地等待着幸福将彼此捆绑，但是最后却发现被捆绑的只有自己。其实生活原本就很无奈，只是我们常常幻想得更好而已。所以一旦幻想破灭后，才发现人生不过是一场海市蜃楼，只是曾经看上去那么美好，仅此而已。

幸福是需要自己去创造、去把握的，没有人能永远给你幸福。妄图别人承载自己幸福的人，往往会活得更加痛苦，一次次满怀希望又一次次直面希望的破灭。事实上，只有将幸福紧紧把握在自己手中，寄托在自己身上，才能保证自己的幸福可以长久地继续下去。

有这样一个故事：一位老人从东欧来到美国，在曼哈顿的一间餐馆想找点东西吃。他坐在空无一物的餐桌旁，等着有人拿餐盘来为他点菜，但是没有人来。他等了很久，直到他看到有一个女人端着满满的一盘食物过来坐在他的对面。

老人问女人怎么没有侍者，女人告诉他这是一家自助餐馆。果然，老人看见有许多食物陈列在台子上排成长长的一行。"从一头开始你挨个地拣你喜欢吃的菜，等你拣完到另一头，他们会告诉你该付多少钱。"女人告诉他。

老人说，从此他知道了在美国做事的法则："在这里，人生就是一顿自助餐。只要你愿意付费，你想要什么都可以，你可以获得成功。但如果你只是一味地等着别人把它拿给你，你将永远也成功不了。你必须站起身来，自己去拿。"

人生的幸福并不是别人所给予的，我们无须向外寻求一个幸福的宿主。**依赖别人给你一份美好的生活享受，更像是一个很不靠谱的童话故事。**在依赖中寻找幸福的人，恰恰会被依赖心理所束缚。著名作家郑渊洁说："把希望寄托在别人身上意味着把失望留给自己。"我们不应该是别人的附属品，不应该是幸福的寄生者；否则，一旦别人远离了我们，我们就只能接受幸福的远离。一个人主宰不了世界的变化，却可以主宰自己的幸福。

女诗人舒婷在《致橡树》中这样写道:"我如果爱你/绝不像攀缘的凌霄花/借你的高枝炫耀自己/我如果爱你/绝不学痴情的鸟儿/为绿荫重复单调的歌曲/也不止像泉源/常年送来清凉的慰藉/也不止像险峰/增加你的高度,衬托你的威仪/甚至日光/甚至春雨/不,这些都还不够/我必须是你近旁的一株木棉/作为树的形象和你站在一起……"

幸福是需要独立的,哪怕爱得再深,哪怕信任再大,幸福也不应该是彼此之间的完全依赖。生活从不曾独立的人,他的幸福只是卑微地流浪着。幸福需要扎根在自己的生活中,如同风筝一样,无论风儿将它托得多高,吹得多远,线永远都握在自己手中;如果你将它交给蓝天,交给清风,那么它注定会毫不留情地离你而去。

一个人只有懂得重视自己,才能被别人重视;只有自己谋划自己的幸福,别人才能积极地为你的幸福捧场。为自己而活的人才能够得到幸福;为别人活着的人可能会轻易地丢失你的幸福,失去你的寄托。而当我们把幸福留在自己身上时,幸福就能常伴左右,永不迷失。

心灵悄悄话

时间总是轻易地带走过往,很多人、很多事,只要记得当时就好。而走过之后,我们无须放在心上。因为我们要活在自己的空间里,而不是活在别人的世界中。背负着别人一起生活只会让幸福打折。有人说:"在恨了别人五百年之后,最终发现最该恨的其实是自己。"是自己的执着一手摧毁了幸福的生活。别人只是递过来一颗种子,而种下恶果的都是我们自己。

淡定——动如流水静如玉

148

第八篇　淡定面对生命中的坎坷

　　自信的人是内心强大的人，因为自信是一种来自内心的果敢和力量。我们只有自信，才能做自己真正的主人，有如舵手才能在惊涛骇浪中把握住我们人生的航向，穿出层层迷雾，一步步驶向成功。没有哪个人的生活总是充满鲜花和掌声的，也没有哪个事业总是一帆风顺。既然不能左右一切，那就让我们看淡一切吧，尽人事，听天命，这样才能让生命承受重负的同时，活出自己的真色彩来。

　　人生道路选择的正确与否，取决于每个人自己。积久的习惯和物欲的诱惑不应当成为奴役我们的主人，相反，我们是它们的真正的主人。

困难放小，内心放大

琼斯大学毕业后如愿考上当地的《明星报》记者，这天，他的上司交给他一个任务：采访大法官布兰代斯。

第一次接到重要任务，琼斯不是欣喜若狂，而是愁眉苦脸。他想：自己任职的报纸又不是当地的一流大报，自己也只是一名刚刚出道、名不见经传的小记者，大法官布兰代斯怎么会接受他的采访呢？同事史蒂芬获悉他的苦恼后，拍拍他的肩膀，说："我很理解你。让我来打个比方——这就好比躲在阴暗的房子里，然后想象外面的阳光多么的炽烈。其实，最简单有效的办法就是往外跨出第一步。"

史蒂芬拿起琼斯桌上的电话，查询布兰代斯的办公室电话。很快，他与大法官的秘书接上了号。接下来，史蒂芬直截了当地道出了他的要求："我是《明星报》新闻部记者琼斯，我奉命访问法官，不知他今天能否接见我呢？"旁边的琼斯吓了一跳。

史蒂芬一边接电话，一边不忘抽空向目瞪口呆的琼斯扮个鬼脸。接着，史蒂芬听到了他的答话："谢谢你。明天 1 点 15 分，我准时到。"

"瞧，直接向人说出你的想法，不就管用了吗？"史蒂芬向琼斯扬扬话筒，"明天中午 1 点 15 分，你的约会定好了。"一直在旁边看着整个过程的琼斯面色放缓，似有所悟。

多年以后，昔日羞怯的琼斯已成为了《明星报》的台柱记者。回顾此事，他仍觉得刻骨铭心："从那时起，我学会了单刀直入的办法，做来不易，但很有用。而且，当第一次克服了心中的畏怯，下一次就容易多了。"

一家报纸刊登了这样一个故事，说的是迪克一天上午刚从外面办完事回来,就听同事说公司经理在找他。因为迪克是新人,刚到公司的时间还不到一个月,经理找他自然是引人注目的。而他刚想去经理办公室的时候,经理却走了进来,拍着迪克的肩膀问:"你是学文学的,在大学里搞过宣传策划活动吗?"迪克点点头。经理又说:"那你就搞一个公司的产品宣传方案吧,请尽快交给我。"既然是经理的吩咐,迪克便想也没想就应承下来。

经理走了后,旁边的同事便凑了过来,神秘地对迪克说:"这下你可交运了,这可是一项重要的任务,想不到经理会分派给你做。"看着他一头雾水的样子,同事又解释说:"这是昨天总部刚吩咐下来的工作,做得好你或许会被调到总部工作呢。不过这份方案的好坏也关系到我们分公司的形象。"

听同事说得这么慎重,迪克却变得忧心忡忡起来。其实,在学校里他搞的都是一些小打小闹的活动,完全不能和这大公司的活动相提并论。如果宣传方案策划得还可以,这是他工作的分内事,如果搞得不好,那可影响到经理和整个公司的形象。迪克胡思乱想着,真后悔当初这样草率地把这个任务接手过来。

过了半晌,迪克迟疑地敲开了经理办公室的门。他语无伦次地对经理说:"我在学校里搞的只是一些小型活动的设计,而我来公司时间还不长,对公司的情况还不太熟悉,况且公司里那些老员工搞宣传方案比我强得多……"他一口气说了许多理由,迪克也不考虑他推辞这任务后经理会对他有什么看法,他只是想告诉经理他不能胜任这个重要的任务,恐怕做不好影响了公司的形象。

谁知经理却只是顾自埋头看手中的文件,过了好久才抬头说:"你怎么知道我要你写的方案是送给公司总部的文件?那么重要的东西我当然自己会写的,我只是想看一下你的策划能力。"

听了经理的话,迪克才如释重负。回去后,他便利用这段时间对公司产品的了解和自己在大学时搞活动的一些经验,再加上平时自己在报纸电台留意的一些创意,一份活动方案没多久就放在经理的办公室案头。

就在迪克快忘了这件事的时候,一天,他被经理叫进了办公室。经理递给他一份文件,原来那就是迪克写的宣传方案,不过上面还写了几句批语:"思路清晰,创意新鲜,切实可行。"下面却是公司总部总经理的签名。

淡定
——动如流水静如玉

经理最后告诉迪克,这次他其实是骗迪克的,但他相信迪克的能力,相信迪克一定会把宣传方案搞得很出色,只不过迪克缺少了一份自信,把一些微不足道的困难放得太大了。

的确,生活中我们常会碰到许多困难和坎坷,但只要我们增添一份自信、减少一份怯懦,别把困难放得过大,那再大的困难也会被我们征服,再多的坎坷也会被我们跨越。**生活中其实没有什么真正的难事,只是我们常常缺少一份战胜困难的信心。**

使一个人拥有强大力量源泉的是他的内心,对一个人所做的计划和行动,最有决定权的是自己的内心。因此,一个人的内心是否强大,自信对一个人所做的事业能否成功起着关键性的作用。

一个星期天的早晨,布朗本来打算要好好睡一个懒觉,但是有一种强烈的罪恶感驱使他起身去教堂做礼拜。

布朗洗漱完毕,收拾整齐,匆匆忙忙赶往教堂。礼拜刚刚开始,布朗在一个靠边的位子上悄悄坐下。牧师开始祈祷了,布朗刚要低头闭上眼睛,却看到邻座先生的鞋子轻轻碰了一下他的鞋子,布朗轻轻地叹了一口气。

布朗想:邻座先生那边有足够的空间,为什么我们的鞋子要碰在一起呢?这让他感到不安,但邻座先生似乎一点儿也没有感觉到。

祈祷开始了:"我们的父……"牧师刚开了头。布朗忍不住又想:这个人真不自觉,鞋子又脏又旧,鞋帮上还有一个破洞。

牧师在继续祈祷着,"谢谢你的祝福。"邻座先生轻轻地说了一声,"阿门!"布朗尽力想集中心思祷告,但思绪忍不住又回到了那双鞋子上。他想:难道我们上教堂时不应该以最好的面貌出现吗?他扫了一眼地板上邻座先生的鞋子,认为邻座的这位先生肯定不是这样。

祷告结束了,唱起了赞美诗,邻座先生很自豪地高声歌唱,还情不自禁地高举双手。布朗想,主在天上肯定能听到他的声音。奉献时,布朗郑重地放进了自己的支票。邻座先生把手伸到口袋里,摸了半天才摸出了几个硬币,"叮啷啷"放进了盘子里。

牧师的祷告词深深地触动着布朗,邻座先生显然也同样被感动了,因为布朗看见泪水从他的脸上流了下来。

礼拜结束后，大家像平常一样欢迎新朋友，以让他们感到温暖。布朗心里有一种要认识邻座先生的冲动。他转过身子握住了邻座先生的手。

邻座的先生是一个上了年纪的黑人，头发很乱，但布朗还是谢谢他来到教堂。邻座的先生激动得热泪盈眶，咧开嘴笑着说："我叫查理，很高兴认识你，我的朋友。"

邻座先生擦擦眼睛继续说道："我来这里已经有几个月了，你是第一个和我打招呼的人。我知道，我看起来与别人格格不入，但我总是尽量以最好的形象出现在这里。星期天一大早我就起来了，先是擦干净鞋子、打上油，然后走了很远的路，等我到这里的时候鞋子已经又脏又破了。"布朗忍不住一阵心酸，强咽下了眼泪。

邻座先生接着又向布朗道歉说："我坐得离你太近了，当你到这里时，我知道我应该先看你一眼，再问候你一句。但是我想，当我们的鞋子相碰时，也许我们就可以心灵相通了。"

布朗一时觉得再说什么都显得苍白无力，就静了一会儿才说："是的，你的鞋子触动了我的心。在一定程度上，你也叫我知道，一个人最重要的是他的内心，而不是外表。"

5年前，斯蒂芬·阿尔法经营的是小本农具买卖。

他过着平凡而又体面的生活，但并不理想。他一家的房子太小，也没有钱买他们想要的东西。阿尔法的妻子并没有抱怨，很显然，她只是安于天命但并不幸福。

但阿尔法的内心深处变得越来越不满。当他意识到爱妻和他的两个孩子并没有过上好日子的时候，心里就感到深深的刺痛。

但是今天，一切都有了极大的变化。

现在，阿尔法有了一所占地2英亩的漂亮新家。他和妻子再也不用担心能否送他们的孩子上一所好的大学了，他的妻子在花钱买衣服的时候也不再有那种犯罪的感觉了。明年夏天，他们全家都将去欧洲度假。阿尔法过上了真正的生活。

阿尔法说："这一切的发生，是因为我利用了信念的力量。5年以前，我听说在底特律有一个经营农具的工作。那时，我们还住在克利夫兰。我决定试试，希望能多挣一点钱。我到达底特律的时间是星期天的早晨，但公司与我面谈还得等到星期一。晚饭后，我坐在旅馆里静思默想，突然觉得自己是多么的可憎。'这到底是为什么？'我问自己，'失败为什么总属于我呢？'"

阿尔法不知道那天是什么促使他做了这样一件事：他取了一张旅馆的信笺，写下几个他非常熟悉的、在近几年内远远超过他的人的名字。他们取得了更多的权力和工作职责。其中两个原是邻近的农场主，现已搬到更好的地区去了；其他两位阿尔法曾经为他们工作过；最后一位则是他的妹夫。

阿尔法问自己：什么是这 5 位朋友拥有的优势呢？他把自己的智力与他们作了一个比较，阿尔法觉得他们并不比自己更聪明；而他们所受的教育，他们的正直，个人习性等，也并不拥有任何优势。终于，阿尔法想到了另一个成功的因素，即主动性。阿尔法不得不承认，他的朋友们在这点上胜他一筹。

当时已快深夜 3 点钟了，但阿尔法的脑子却还十分清醒。他第一次发现了自己的弱点。他深深地挖掘自己，发现缺少主动性是因为在内心深处，他并不看重自己。

阿尔法坐着度过了残夜，回忆着过去的一切。从他记事起，阿尔法便缺乏自信心，他发现过去的自己总是在自寻烦恼，自己总对自己说不行，不行，不行！他总在表现自己的短处，几乎他所做的一切都表现出了这种自我贬值。

终于阿尔法明白了：如果自己都不信任自己的话，那么将没有人信任你！

于是，阿尔法做出了决定："我一直都是把自己当成一个二等公民，从今后，我再也不这样想了。"

第二天上午，阿尔法仍保持着那种自信心。他暗暗以这次与公司的面谈作为对自己自信心的第一次考验。

在这次面谈以前，阿尔法希望自己有勇气提出比原来工资高 750 美元甚至 1000 美元的要求。但经过这次自我反省后，阿尔法认识到了他的自我价值，因而把这个目标提到了 3500 美元。

　　结果，阿尔法达到了目的。他获得了成功。

　　世界上许多困难的事情都是由那些自信心十足的人完成的。如果你有了强大的自信心，成功离你就近了。

心灵悄悄话

　　有时困难在想象中会被放大一百倍，事实上，当你走出了第一步，你就会发现那些麻烦与困难只是为吓唬懦弱者和自卑者所设置的障碍。世界上许多困难的事情都是由那些自信心十足的人完成的。如果你有了强大的自信心，成功离你就近了。

淡定——动如流水静如玉

主宰意志，重整旗鼓

意志是完全属于我们自己的东西，人生道路选择的正确与否，也取决于每个人自己。**积久的习惯和物欲的诱惑不应当成为奴役我们的主人，相反，我们是它们的真正的主人。**

在我们生活的每时每刻，坚守良心表明我们的意志是自由的。

即使我们真正下决心要成为习惯和诱惑的主人，我们也不需要超出我们自身所具有的、更坚强的意志。

有一次，莱蒙雷斯告诫一个年轻小伙说："现在，你已经到了该自己拿主意的年龄了。否则，将来有一天，你会置身于你自掘的坟墓中呻吟哀号，你无力推开堵住坟墓出口的岩石。对于我们来说，最容易形成习惯的就是意志力。你应该好好学习，然后坚决果断地做出决定。这样，就会使你漂泊不定的生活安定下来，不再像秋风中的落叶，随风飘零，任意东西。

柏克斯顿坚信年轻人做事喜欢意气用事，随兴之所致，除非他已经形成了坚强的决心并能持之以恒。柏克斯顿在给他的一个儿子的信中写道："现在，你已到了该对人生方向做出自己的选择的关键时期，你必须制订出抵御不良影响的保护性原则，必须果断地做出自己的决定，充分地表现自己的聪明才智。否则，你就会陷入无所事事的困惑之中，养成漫无计划和目标、做事效率极为低下的习惯和性格特征，成为一个懒散拖沓的年轻人。而一旦你堕落到这种地步，你就会发现找回失落的自我可绝非易事。我坚信年轻人喜欢随心所欲，凭一时兴趣行事，我曾经就是那样……我生活中的乐趣和全部的成功，都源于我在与你现在的年纪相仿时所做出的转变。如果你在年轻力壮、精力充沛的时候，下决心勤勉用功、做事严肃认真，那么，在你的整个人生中，你会感到欣慰和愉快，因为你的决定是明智的。"

意志，如果不考虑人生方向问题，那它就只不过是持之以恒、坚持不懈

157

和不屈不挠的同义语。但是，显而易见，任何事情都有赖于正确的方向和良好的动机。如果一个人追求的方向是感官的快乐，那么，坚强的意志可能是可怕的恶魔，而聪明的才智只不过是它的下贱的奴仆。但是，**如果一个人追求的是真善美，那么，坚强的意志就是造福人类的君王，而聪明才智才是人类最高财富的侍臣**。

任何人在生活中所遭遇的打击与困难一旦不断累积，或种种问题逐渐增加时，均有可能耗尽个人的心力，使自己不断衰弱而陷入绝望境地，因为当人们面临这样的处境时，个人的真正能力往往会转向模糊，尽管事实并非如此，但却容易导致人失魂落魄。

此时，最重要的是务必对自己所持有的资产重新评估。如果能够以合理、正确的态度进行评估，那将有助于你认清事实，进而了解情况，并没有你所想象的那般糟糕。

有一次，一位50来岁的先生来找卡耐基寻求帮助与建议，他正处于失意的困境中，并显出绝望无助的模样。他对励志大师表示："我已经不行了！"并悲叹地说道，他花了一辈子工夫努力所得到的资产竟突然毁于一旦。卡耐基问他："完完全全的吗？"他回答说："是的，一点也不错！现在，我已经上了年纪，即使想东山再起，也没有这个本钱了。而且，我已经信心尽失了。"他继续说着。

励志大师对他的境遇感到遗憾和同情。不过，由于他烦恼的真正原因在于失去希望后一种悲观的阴影进入他的心中，进而扭曲了他的人生观，因此，卡耐基试图唤醒他的积极人生。

卡耐基对他说："拿张纸来，把你剩余的资产一一记下来。"他叹息地说："没有用的！我刚才不是已经告诉你了，我已经一无所有了。"

"没有关系，让我们试试看。你太太还在你身边吗？"

"你为何这样问？当然在了！她是了不起的女人。我们结婚已经30多年，不论发生任何大风大浪，她也绝对不会离开我或提议离婚的。"

"好！就把这点写下来吧！——我的妻子依然跟我同甘苦、共患难，而且绝对不会提议离婚。现在谈谈你的孩子，你的孩子怎么样呢？"

"我有两个孩子，而且都是好孩子。我很感谢他们曾经很贴心地对我说:'我们喜欢你,我们希望能够帮助爸爸!'"

"那么第二点就是——我拥有两个深爱着我,且希望帮助我的孩子。"

你的朋友如何呢?

"我有真正称得上了不起的朋友,他们是善良的温和的好人。他们都曾对我表示乐于施以援助之手,但是他们能帮得上什么忙呢?实际上,他们并不能真的做些什么!"

"好了,第三点也出来吧——我有一些好友,他们乐于帮助我,也对我相当尊敬。"

"关于你个人的诚信与认真程度如何呢?还有,你有没有做过错事?"

"我的认真态度可说是接近完美的,从过去以来,我一直努力做些正当的事,而且我的良心也没有受到蒙蔽。"

"好的!把第四点的答案写下来吧——诚实。那么,你的健康情况如何呢?"

"我的健康情况良好,我几乎没有因病告假。我想,我的身体是相当健壮的。"

"非常好!现在把第五点的答案记下——良好的健康状况。对于我们政府,你有没有什么意见呢?你认为它将继续繁荣成长,并拥有希望吗?"

"是的,我国是一个优秀的国家,我想它是世界上唯一让我想定居的地方。"

"这是第六点答案——我居住在充满希望的国家里,并且相当乐意居住于此。"

现在,把我们拥有的资产列举出来——

了不起的妻子……结婚30年;

愿意帮助我的两个乖顺的孩子;

乐于帮助我,并尊敬我的好友;

诚实……没有做过可耻的事;

良好的健康状况;

居住在世上最优秀的国家。

卡耐基将写好的纸片推向坐在桌子那端的他,并对他说:"你看吧!我想你完全持有上面列举的这些资产。虽然,你曾经自以为失去了一切而一无所有……"

他莞尔一笑,对卡耐基表示:"我好像没有想过这些事,甚至从来没有思索过。不过,现在我认为事态并不如我想象的那般严重。"他仿若深思地自语道:"如果我能获得某些自信,如果我能自觉有某些力量在我体内,或许我真的能够重新再来!"

就这样,他获得了东山再起的巨大力量。他之所以能够如此,主要是由于想法的改变——亦即心态的转换。积极乐观的信仰与观念带领他走出怀疑的阴影,并在他的内心赋予足以克服一切困难的充分力量!

所谓的强者,就是内心强大的人,内心强大的人就是在为自己选定的目标的奋斗中,相信自己的实力,即使有一时、一次的失败也坚信自己是最后的胜利者。

一个人命运的好坏,并非天生注定,也不能被别人操纵。一个人一生不可能永远幸运,也不可能永远被厄运纠缠。要相信,命运由我们自己创造,命运掌握在每个人自己手里。

现在将要讨论的重点,是有名的精神分析家卡尔·梅宁格博士在重要的演说中所必定讲述的真理,那就是"态度比事实更重要"。这句话确实值得人们深省,并反复记诵,直至能够有所领悟为止。

无疑地,我们所遭遇的任何困境,无论多么困难,甚至看来几乎到达绝望的边缘,实际上若和我们所面对这事实的心态比较,其严重性往往要来得轻微许多。你对于事情的看法如何呢? **面对事情时,大多数人往往在还未采取任何应对措施之前,便已在心态上决定了成败结果。**如果这个答案在心态上是负面的,那么可以说是不战而败了。相反地,如果秉持自信与乐观的态度面对问题,便极有可能克服逆境,甚至反败为胜。

有一个相当特别的人,他不仅拥有优异的才能,而且总是显得充满信心。他在公司中可以称得上是无人能与之匹敌的伟大人物,每当同事们陷入悲观的念头,他都能冷静地提出分析与建议,直到他们重新审视问题,并产生积极的想法为止。

事实上,这种心态变化的主因在于是否拥有自信。**自信能够帮助个人免于失去评估事实的客观性,且避免沦为病态自卑感下的牺牲者,而达成**

淡定——动如流水静如玉

这种矫正心态唯一的秘诀就是让心态恢复正常。换言之,要使心态经常保持积极的一面。

因此,当你有了挫败感,或垂头丧气、自信尽失时,不妨冷静地坐下来,拿出纸张作个图表。这个图表并非要记载与自己敌对的事物,而是要记下赞同自己的事物,然后清楚地加以确认,并把心思意念集中在上面。如此一来,不论发生任何困难,你都能顺利克服。此外,你内在的力量也会因此而复生,使失败的局面扭转成为胜利。

自信其实是一种习惯性的思想意念。如果我们经常存有失败的念头,你便已经输掉了一大截。然而相反地,倘若我们对自己充满信心,并具有主宰自我的意志与习惯,那么即使面对逆境,也能泰然处之。这种强而有力的信心事实上便是来自于自信。换言之,自信是力量增长的源泉。

贝尔鲁金曾说过:**"大胆些吧! 这样将会产生对你有所帮助的强大力量。"**而经验也证明这的确是一个真理。事实上,随着信仰程度的增加,将会使个人意识到逐渐加强的力量正在帮助自己。

爱默生也曾表示:"相信有志者事竟成的人终将赢得胜利。"

让信仰的力量和心安的感觉充满心中,就是获得自信的秘诀,也是去除疑惑、克服缺乏信心的最佳方法。

心灵悄悄话

意志是完全属于我们自己的东西,人生道路选择的正确与否,也取决于每个人自己。所谓的强者,就是内心强大的人,内心强大的人就是在为自己选定的目标的奋斗中,相信自己的实力,即使有一时、一次的失败也坚信自己是最后的胜利者。一个人命运的好坏,并非天生注定,也不能被别人操纵。命运掌握在每个人自己手里。

无视无奈，相信自己

在每个人的生活中都或多或少、或大或小地有一些我们自身无法克服的无奈：失去是无奈、错过是无奈、思念是无奈、后悔是无奈、生死离别也是无奈……总之，我们对生活或事物产生的一种无可奈何、无计可施的态度，都是无奈。**无奈的痛苦，或许不如伤痛来得直接，但却是深刻的，让人无法忘记的！**我们苦笑着、挣扎着，却发现一切只是蚍蜉撼树——徒劳无功。于是，我们就难免开始对自身产生怀疑，更清醒，更深刻地认识到自己的渺小，发现我们并不能左右和驾驭世界上的一切事物。

没有哪个人的生活总是充满鲜花和掌声的，也没有哪个事业总是一帆风顺的。**既然不能左右一切，那就让我们看淡一切吧，尽人事，听天命，这样才能让生命承受重负的同时，活出自己的真色彩来。**

许多人也许不知道，美国第 32 任总统罗斯福，天生口吃，十岁时说话还断断续续含糊不清，而且生性懦弱，在公共场合讲话就极容易紧张。而且只要有人与他讲话，他就会表现出惊恐的表情，甚至身上还会发抖。

很多像他这样的小朋友，多数都会拒绝参加各种公开活动，也会变得孤独离群，可能会顾影自怜，唉声叹气。然而，小罗斯福却并没有这么做，虽然他天生容易紧张，但是他却能够积极地面对人群，即便是同伴们嘲笑他，他也会不以为然。每一次在紧张的时候，他会坚定地说道："只要我用力咬紧牙关，努力不颤动，不久我就能克服紧张的情绪了！"

就这样，幼小的罗斯福，每天总能够坚定地告诉自己说："这些缺陷算不了什么，咬咬牙就能克服掉了，就能收获生命的精彩！"每当看到其他的小朋友活力十足地参与各种公共活动时，他都要强迫自己参加，无论自己的口吃会招致多少人的反感！当恐惧产生时，他都会对自己说："我一定能行!"渐渐地,他克服了自己的这些生理缺陷,并且凭着他对自己的这种奋斗精神与自信,最终成为美国历史上伟大的人物。

面对生理上的缺陷和生活中的无奈,罗斯福并没有让自己陷入哀怨之中,而是尽自己最大的努力,最终收获了成功和快乐的阳光。为此,在任何时候,面对再多的无奈,我们都无须自暴自弃、悲观厌世,因为除了你自己,没有人会刻意注意你的无奈的事情,只要让心中充满自信,一样能够获得精神上的自由与快乐。

其实,生命中如果没有黑夜,我们就无法看到漫天的星辰;没有缺陷,生命就没有前进的动力;没有离别的伤痛,就没有相逢的喜悦。**很多事情在无奈之余,还有许多值得我们珍视的东西,只要我们换个角度去看待、去前进,生命就没有缺憾,就没有无奈。**

总之,在面对生活中一些我们根本无法改变的无奈,我们一定要大度一些,坦然地去面对,和善地去对待周围的每个人,幸福地过好每一天,愉快地度过每一个小时,把开心融入分分秒秒之中,要精心经营好自己的田园宝地,这样你的生命就不会有太多的遗憾和伤痛。

不要说上帝造就的每一个人,就是每一棵草,每一个小动物都是有用处的,因此,每个人在面对挫折困难时,不要对自己失去信心,要永远怀着自信坚强地走下去,继续发挥自己的特长,相信自己的才能。**每个人在世界上都是独一无二的,别人无法取代的,所以我们有理由相信"天生我材必有用"。**但有时才能并不是轻易就显现出来的,它需要我们自己充分地挖掘。也许有时我们面对失败会怀疑自己的能力,也许有时我们的才能得不到别人的充分肯定,这时我们更不应该气馁,而是要更多地坚持信念,鼓励自己,相信"天生我材必有用"。

1960 年,哈佛大学教授罗森塔尔博士,在美国加州一所学校进行了一项试验。他声称,他制造出一种仪器,能够找出最优秀的人,并能发现那些将来会出人头地的人。他先从教师中选出几个人,然后又从全校的班级中选出几个班的学生作为实验对象。他对选出的老师说:"我从全校的老师中选出你们几位,因为你们是最优秀的老师。这几个班级的学生也是最聪明最有可能有所成就的学生,他们将由你们来教。我相信,最优秀的老师和最聪明的学生的组合,将会产生非凡的教学结果,我的仪器不会出错。"

一年过去了,当罗森塔尔博士再次来到这所学校时,他发现那些老师个个表现优异,而他们所教的班级也成为整个学校的明星班级。罗森塔尔再次召集这些老师开会,他对老师们透露说:"实际上,我并没有那样一种预测未来的仪器。那些学生都是最普通的学生,我只是随机抽取了几个班级。"

老师们对此一阵诧异。罗森塔尔博士接着说:"实际上,各位老师也并不是我挑选的最优秀的老师,而是我随手抽调出来的。你们是些普通的老师,教的是普通的学生,但是你们取得了这样的好成绩。各位老师一定知道原因在哪里?"

一位老师说:"是的,博士。我知道,当我们被告知是最优秀的时候,我们就努力做最优秀的。我们的学生是聪明的、与众不同的。他们犯错误时,我们也一样有耐心帮助他们,因为他们是聪明人,他们只是无意中出了错。我们从来不打击批评学生,我们鼓励他们做到最好。我们都认为自己是不普通的,于是我们就不再普通。"

罗森塔尔听完,会心地笑了。

人人都可以不普通。如果你在心里坚信我能行,你就会按照一个真正的人才的标准来要求自己。如果你相信自己能够成功,你就一定能成功。只有先在心里肯定自己,你才能在行动上充分地展现自己。

环顾四周,那些在事业上成功的人士有谁不是充分肯定自己的才能,抓住它并把它发挥得淋漓尽致呢?达尔文的父母希望儿子成为神父,而达尔文始终热衷于生物,他使父母失望了,但他始终坚持自己在生物研究方向的过人才能,找到了自己正确的位置,终于写下了不朽的名著《进化论》而名垂千古。如果他听从父母之命那又是怎样的呢?所以我们应当坚信别人能做到的,我同样能做到,找到适合自己的位置,相信大千世界一定有我的用武之地。

固然是充满自信,但如果这份自信用过了头,那又会怎样呢?那就会变成狂妄、自负。正如拿破仑有非常出色的军事才能,他自己也充分相信

淡定
——动如流水静如玉

自己的才能。但是他自认为凭借自己的军事才能就能够所向披靡、无往不利，便不断地发动对外战争进行扩张，然而最终正义之师战胜了他，他落得个流放孤岛的悲惨结局。所以我们要把握好自信的"度"，否则它就会变成自大。

我们每个人都应当对自己有一个正确的估价，既要相信自己有用，真正认识自己的价值所在，以最大限度地发挥自己的专长，又不能好高骛远，还要充分认识自己的不足，不断改正，不断向着人生的目标前进。

切记，不要让自以为是的人来左右自己。"走自己的路，让别人去说吧！"但丁的这句话鼓舞了无数的有志者不断地排除干扰，开创属于自己的人生。历史上有许多人，曾经在曲折崎岖的道路上犹豫徘徊，更有甚者止步不前，或者倒下，也有的人为了自己的理想和抱负，在充满荆棘的道路上不断开拓进取，勇往直前，他们最终走出了自己人生的光辉之路。

一位哲人曾说过："**听信了别人的偏见常常会扼杀自己很有希望的幼苗。**"只要看准了方向，就要自信地坚持自己的原则，坚定不移地走属于自己的路，这样才能避免自己的希望被自己所扼杀。

著名作家爱默生曾在百老汇的社会图书馆里作了一次激动人心的演讲。那是在 1842 年 3 月，就因为他这次演讲，惠特曼萌发了创作的欲望，尤其是他说的那句："谁说我们美国没有自己的诗篇呢？我们的诗人文豪就在这儿呢……"

这位身材高大的当代大文豪的一席慷慨激昂、振奋人心的讲话使台下的惠特曼激动不已，热血在他的胸中沸腾，浑身升腾起一股无穷的力量和无比坚定的信念，他决心渗入各个领域、各个阶层、各种生活方式中去。他要倾听大地的、人民的、民族的心声，去创作新的不同凡响的诗篇。

1854 年，惠特曼的《草叶集》问世了。这本诗集热情奔放，冲破了传统格律的束缚，用新的形式表达了民主思想，以及对种族、民族和社会压迫的强烈抗议。它对美国和欧洲诗歌的发展产生了巨大的影响。

1855 年年底，他出版《草叶集》第二版，在这版中，他又加进了 20 首新诗。

后来，当惠特曼决定印行第三版《草叶集》，并将一些新作补充进去时，爱默生却竭力加以劝阻。因为爱默生认为应删除其中几首刻画"性"的诗歌，否则第三版将不会畅销。惠特曼却不以为然，他对爱默生明确表示："在我灵魂深处，我的意念是不服从任何的束缚，而是走自己的路。《草叶集》是不会被删改的，任由它自己繁荣和枯萎吧！"他又说："世上最脏的书就是被删减过的书，删减意味着道歉、投降……"

第三版《草叶集》出版并获得了巨大的成功。不久，它便跨越了国界，传到英格兰和世界的许多地方。

走自己的路，做自己生命的主宰，不管多么崎岖、多么坎坷也要义无反顾。不要在意别人的冷言冷语，让他们说去吧，何必在乎！和大多数人不一样的，未必是错误的：**自己的想法别人不一定认同，这和别人的经验不一定适合自己是一样的。路，必须按自己的意愿去走。**

世界上没有完全正确的人，而且对同一件事情不同的人看法也不一样。所以，你要想在生活中有所作为，闯出属于自己的一片天空，就一定不要被他人的言论所左右。坚持走自己的路，相信自己，一定会成功的。

心灵悄悄话

我们并不能阻止人生中的有些无奈，但我们绝对有能力去无视这些无奈而创造我们的精彩人生。自卑者的致命弱点就在于妄自菲薄，没有勇气坐在前排，他不明白人很少有通才，而是各有所长，并且他只相信别人不相信自己，而内心强大之人在任何时候都肯定自己。如果一个人自己要做什么，走什么样的路这样的事都要听从别人的指定或允许的话，岂不是说自己的脑袋长在了别人的脖子上！

淡定——动如流水静如玉

166

拥有自信，拥抱成功

美国哲学大师威廉·詹姆斯曾说过，一般人的心智能力使用率不超过10%，大部分的人不太了解自己还有些什么才能。**与我们应该取得的成就相比，其实我们还有无尽的能力是潜在的、等待开发的，我们只运用了自身能力的一小部分。**人往往都活在自己所设的限制中，虽然拥有各式各样的潜力，却不能充分地运用它们。而造成此种现象的原因，就是我们缺乏必要的自信。

在哈佛，一天哈佛音乐系的一位学生走进练习室，在钢琴上，摆着一份全新的乐谱。

"超高难度……"他翻着乐谱，喃喃自语，感觉自己弹奏钢琴的信心似乎跌到谷底，消磨殆尽。已经三个月了！自从跟了这位新的指导教授之后，不知道为什么教授要以这种方式整人。他勉强打起精神，开始用自己的十指奋战、奋战、奋战……琴音盖住了教室外面教授走来的脚步声。

指导教授是个极其有名的音乐大师。授课的第一天，他给自己的新学生一份乐谱。"试试看吧！"他说。乐谱的难度颇高，学生弹得生涩僵滞、错误百出。"还不成熟，回去好好练习！"教授在下课时，如此叮嘱学生。

学生练习了一个星期，第二周上课时正准备让教授验收，没想到教授又给他一份难度更高的乐谱："试试看吧！"上星期的课教授也没提。学生再次埋首于更高难度的技巧挑战。

第三周，更难的乐谱又出现了。同样的情形持续着，学生每次在课堂上都被一份新的乐谱所困扰，然后把它带回去练习，接着再回到课堂上，重新面临难度加倍的乐谱，却怎么样都追不上进度，一点也没有因为上周的练习而有驾轻就熟的感觉，学生感到越来越不安、沮丧和气馁。教授走进

167

练习室。学生再也忍不住了。他必须向钢琴大师提出这三个月来何以不断折磨自己的质疑。

教授没开口,他抽出最早的那份乐谱,交给了学生。"弹奏吧!"他以坚定的目光望着学生。

不可思议的事情发生了,连学生自己都惊讶万分,他居然可以将这首曲子弹奏得如此美妙、如此精湛!教授又让学生试了第二堂课的乐谱,学生依然呈现出超高水准的表现……演奏结束后,学生怔怔地望着教授,说不出话来。

"如果,我任由你表现最擅长的部分,可能你还在练习最早的那份乐谱,而不会有现在这样的水平……"钢琴大师缓缓地说。

人,往往习惯于表现自己所熟悉、擅长的方面。但如果我们愿意回首,细细检视,将会恍然大悟:看似紧锣密鼓的挑战,永无遏止,难度渐升的要求,不也就在不知不觉间养成了我们今日的诸般能力吗?因为,**人确实有无限的潜力,只要有勇气去挑战自己,就能发掘出这份潜力。**

亨利·大卫·梭罗曾说:"如果一个人充满自信地朝着他的梦想前进,并且尽最大努力去过他想象中的生活,他会在不经意间获得意想不到的成功。"因此不要担心,不要忧虑,大胆尝试,勇敢坚持,激发自己潜在的能量,切莫因我们缺乏心理上的自信而埋没了自己的才能,你要成功没有人能阻挡住你。

一个出生于纽约布鲁克林贫民区的黑孩子。他有两个哥哥、一个姐姐、一个妹妹,父亲微薄的工资根本无法维持家用。他从小就在贫穷与受人歧视中度过。对于未来,他看不到什么希望。没事的时候,他便蹲在低矮的屋檐下,默默地看着远山上的夕阳,沉默而沮丧。

13岁的那一年,有一天,父亲突然递给他一件旧衣服并问他:"这件衣服能值多少钱?""大概一美元。"他回答。"你能将它卖到两美元吗?"父亲用探询的目光看着他。"傻子才会买!"他赌着气说。

父亲的目光真诚又透着渴求:"你为什么不试一试呢?你知道的,家里日子并不好过,要是你卖掉了,也算帮了我和你的妈妈。"

他这才点了点头："我可以试一试,我不能保证将它卖掉。"

他很小心地把衣服洗净,没有熨斗,他就用刷子把衣服刷平,铺在一块平板上阴干。第二天,他带着这件衣服来到一个人流密集的地铁站,经过6个多小时的叫卖,他终于卖出了这件衣服。

他紧紧地攥着两美元,一路奔回了家。以后,每天他都热衷于从垃圾堆里淘出旧衣服,打理好后,去闹市里卖。

如此过了十多天,父亲突然又递给他一件旧衣服:"你想想,这件衣服怎样才能卖到20美元?"

"怎么可能? 这么一件旧衣服怎么能卖到20美元? 它顶多只值两美元。"

"你为什么不试一试呢?"父亲启发他,"好好想想,总会有办法的。"

终于,他想到了一个好办法。他请自己学画画的表哥在衣服上画了一只可爱的唐老鸭与一只顽皮的米老鼠。他选择在一个贵族子弟学校的门口叫卖。不一会儿,一个开车接少爷放学的管家为他的小少爷买下了这件衣服。那个十来岁的孩子十分喜爱衣服上的图案,一高兴,又给了他5美元的小费。25美元,这无疑是一笔巨款! 相当于他父亲一个月的工资。

回到家后,父亲又递给他一件旧衣服:"你能把它卖到200美元吗?"父亲目光深邃地看着他。

这一回,他没有犹疑,他沉静地接过了衣服,开始了思索。

两个月后,机会终于来了。当红电影《霹雳娇娃》的女主演拉佛西来到了纽约宣传。记者招待会结束后,他猛地推开身边的保安,扑到了拉佛西身边,举着旧衣服请她签个名。拉佛西先是一愣,但是马上就笑了。没有人会拒绝一个纯真的孩子。

拉佛西流畅地签完名。他笑了,黝黑的面庞,洁白的牙齿:"拉佛西女士,我能把这件衣服卖掉吗?"

"当然,这是你的衣服,怎么处理完全是你的自由!"

他"哈"的一声欢呼起来:"拉佛西小姐亲笔签名的运动衫,售价200美元!"经过现场竞价,一名石油商人出1200美元的高价收购了这件运动衫。

回到家里,他和父亲,还有一大家人陷入了狂欢。父亲感动得泪水横流,不断地亲吻着他的额头:"我原本打算,你要是卖不掉,我就找人买下这件衣服。没想到你真的做到了！你真棒！我的孩子,你真的很棒……"

一轮明月升上夜空,透过窗户柔柔地洒了一地。这个晚上,父亲与他抵足而眠。

父亲问:"孩子,从卖这3件衣服中,你明白什么了吗?"

"我明白了,您是在启发我。"他感动地说,"只要开动脑筋,办法总是会有的。"

父亲点了点头,又摇了摇头:"你说得不错,但这不是我的初衷。"

"我只是想告诉你,一件只值一美元的旧衣服,都有办法高贵起来。何况我们这些活生生的人呢?我们有什么理由对生活丧失信心呢?我们只不过黑一点儿、穷一点儿,可这又有什么关系?"

就在这一刹那,他的心中,有一轮灿烂的太阳升了起来,照亮了他的全身和眼前的世界。"连一件旧衣服都有办法高贵,我还有什么理由妄自菲薄呢!"

从此,他开始努力地学习,严格地锻炼,时刻对未来充满着希望!

这个故事告诉我们,拥有自信并善于付诸行动才能改变一切。

如果说在美国到处都有机会,每个人都可以尽情地施展自己的才能,你是否会赞同我所说的呢?也许你会大声赞同。但是,对此你能确信到何种程度呢?如果你处于失业、破产或者找不到工作的情况下,那么你对我的话还抱有信心吗?

有这样一个人,他能够坚持信念、矢志不渝。这个人来自密苏里州,名叫里奥纳德·A.崔吉亚。1928年,父亲留给崔吉亚价值10万美元的财产。但是10年之后,崔吉亚破产了。

这一过程非常简单,崔吉亚先生给朋友的信中写道:

"我父亲非常有钱,出手也很大方。当我还在读高中时,只要我没有钱花了,他就会让我去银行,从他的名下取出一张支票。到我上了大学之后,我更是可以随便往支票上填数额了。大学毕业了,我仍不懂得金钱有什么价值,而我自己也不会赚钱,只知道如何开支票。"

"当父亲去世时,我对生活没有做好任何准备。他给我在密苏里河下游靠近密苏里州里辛顿的地方留下了一片肥沃的土地，我就开始经营农场。在经济大萧条席卷全美国的第一年，我的账户就出现了赤字。我只好用一块土地做抵押，用来还债，并重新补充我的存款。由于经济继续萧条，我只好卖掉了那块被抵押的土地，用来还贷款。我就这样生活着，需要用钱时，就去抵押或是出卖土地。"

"我破产的这一天终于来了，我不再拥有任何财产了。我必须找一份工作，赚钱过日子，否则将无法生活下去。然而，我这一辈子根本没有做过什么事情，我急得几乎难以入睡——曾经作为支柱的支票已经没有了，求助也找不到人了。"

"一天晚上，我终于想清楚了，那就是我必须面对现实。'好日子一去不复返了，我的朋友，'我对自己说，'作为一个成年人，你应该表现得像一个成年人。成熟起来，去找一份工作吧！'"

"我开始思考我的处境，尤其是我的一些信念。我一直相信这句话：'只要你愿意努力，在美国，机会总是均等的。'但是，我从来都没有亲自去验证过这句话。虽然当时的整体环境不好，工作机会也少，但是我有我的长处：身体健康，大学毕业，又接受过职业培训，而且我的失败和错误给了我宝贵的经验和教训。现在，我需要做的就是避免将时间浪费在抱怨和悔恨上，立即开始行动。"

"我安排好生活，厘清了我的思路。要知道，当时要找一份工作可不是件容易的事情——无论找什么工作。一旦颓丧情绪涌现出来时，我就强迫自己消除怀疑和恐惧的想法，增强自己的信念，让自己相信：对于每一个有信念的人来说，美国都是一个可以找到自己位置的国家。我必须坚守这个信念。"

"我的信念终于得到了实现。我在堪萨斯城的联合财务公司找到了工作。我在那里愉快地工作了4年，之后辞职，又回到农业方面来。这一次，情况出现了转机。我慢慢地建立起信誉，拓展了我的业务。我不仅从事农场买卖业务，还兼顾做些其他的生意。经过这些努力，我获得了较大的成功。不过，这些都受益于我的失败，是失败给了我宝贵的教训，使我做好了迈向成功的准备。"

"我赎回了我的财产，这是靠我的努力赚回来的。更可贵的是，我获得了可以留给我两个儿子的伟大真理——我们必须拥有信念，但是如果我们有信念却不采取行动的话，这信念就跟没有一样。这一真理远远超出了金钱的价值。"

　　崔吉亚先生的故事，正是一个人如何走向成熟过程的例证。在此过程中，崔吉亚先生从一个被宠溺而不负责任的孩子，成长为一个抱有信念、坚持信念，并将信念付诸实践的男人。在初受挫折时，崔吉亚先生曾像孩子一样逃避现实，但信念却使他像一个真正的男人那样，敢于面对现实。

　　《如何度过一年365天》这本书的作者约翰·久辛德勒博士曾说过：**"成熟需要通过学习才能达到，而且还要经历痛苦方能见效。"**家住加拿大的丽莲·海德莱恩夫人的事迹正好印证了这一真理。

　　海德莱恩夫人是一个普通的家庭主妇和母亲，但是她性格开朗乐观。一天，海德莱恩夫人开车外出，不小心翻进了一条深沟中。

　　海德莱恩夫人的脊椎最初被误诊为已经摔断，但是从X光照片上看不出她的脊椎折断的情况，不过能看到骨刺脱离了外面的附着物。医生认为海德莱恩夫人至少需要卧床休息3个星期，并将这个不幸的消息告诉了她。

　　"做好心理准备。"医生说，"你的脊椎已经严重硬化。也许在5年之后，你就不能动弹了。"

　　听了医生的活，她说：

　　"当时，我被吓坏了。我一直都是活泼开朗的人，喜欢克服一切困难，可是现在却遇到了一个无法克服的困难，我的勇气和斗志也因为卧床的时间从3个星期向无限期延长而逐渐丧失了。我的内心越来越恐惧，也越来越软弱。"

　　"有一天早上，我的神智十分清醒。我对自己说：'5年时间并不短啊！我还能帮助家人做很多的事情呢。如果配合医生的治疗，再加上我的决心，或许我的病情能有所改善。我不想未经奋斗就投降，我要尽一切努力，行动起来。'"

　　"一旦有了这种信念和决心，我突然有了力量。我要马上行动。软弱

淡定——动如流水静如玉

和恐惧已经不复存在！我挣扎着下了床……就这样，我的新生活开始了。"

"我不断地用这个词来激励自己：'继续！继续！继续！'"

"大约5年后的一个清爽的早晨，我重新照了X光，发现即使再过5年，我的脊椎也不会有什么问题。医生建议我要积极乐观，对生活充满兴趣，勇敢地活下去。而我也正是保持这种念头，只要身上有一块肌肉还能活动，我就要继续活下去。"

海德莱恩夫人的故事是一个典型的坚持信念而走向成功的实例。当然，仅仅拥有信念还不足以使人走向成熟。勇敢的确比怯懦要好，但假如我们面临考验时却转身而逃，表明我们的内心是软弱的。除非我们的内心能够坚定起来，否则所有理论都将毫无价值。

心灵悄悄话

自信意味着一个人充分地了解自己，也了解自己所面对的困难和对手；自信意味着自己轻蔑困难和对手，而面对强手、困难和对手唯一的出路就是勇敢面对。如果说人与人之间存在高贵与卑微的话，那只是一些无知者的妄言，或是发自一些自卑者心底的丧气话。

第九篇　淡定的面对拥有与失去

不是拥有太少,而是欲望太多。

春有百花秋有月,夏有凉风冬有雪。若无闲事挂心头,便是人间好时节。

外界的美与不美,往往取决于我们内心知足与否。也许是我们自己忽略了它的美丽。人生中最重要的不是未得到和已失去,而是珍惜所拥有的一切,活好每一个当下。

人生没有完美可言,完美只在理想中的存在。所以,我们偶尔也该放过自己。正是因为有了缺陷,我们才有梦想,有希望。当我们为梦想和希望而付出努力的同时,就已经拥有一个完美的自我。

活在当下，品味幸福

　　人生就像一条河流，不可逆转；生命中的每一个阶段、每一天都是独一无二的，不能重复的。没有人生活在过去，也没有人生活在未来，现在是生命确实占有的唯一形态。其实，最可贵的是眼前的时光，最应该珍惜的是当下拥有的一切。

　　法国思想家巴斯葛在《沉思者》中作了这样的自我剖析："**我们向来不曾把握现在，不是沉湎于过去，就是殷盼着未来。**不是想抓住已经如风的往事，就是觉得时光的脚步太慢，拼命设法使未来早点降临。我们实在太傻，竟然流连于并不属于我们的时光，而忽视唯一真正属于我们的时刻。"

　　人生啊！总是追忆那匆匆而过的往昔，所以不断地重温过去：我曾经活得很好。人生又总是期盼那尚未到来的美好，所以不断地畅想未来：我将来会活得很好。每个人都设法让自己得到幸福的体验，然而我们似乎偏好于自己曾经拥有过的美好和那些未曾到来的幸福。前者用来回味，后者用来幻想，这也注定了我们常常把那些已经失去的东西和未曾得到的东西当成幸福。

　　逝去的美好岁月，追犹不及，无须沉湎；未来的美妙人生，想亦无用，何必执着？人生没有必要老是把过往的东西拿出来炫耀、拿出来感伤，也没有必要总是拿一些似是而非的愿望来自我安慰。人永远都只活在当下，就应该把握当下的幸福，而不是沉湎在记忆中或垂涎于将来。

　　生活中处处都有幸福，我们之所以要在过去和未来的精神世界里探寻幸福，只是因为我们不曾尝试着去发现和发掘生活中的美好，而并非是现在的生活中没有幸福的存在。人生既然已经享受了过去的幸福，而未来的幸福还尚未来到，不妨安心享受当下的幸福；人生既然错失了过去的幸福，而未来的幸福也并非由我们掌控，就应该倍加珍惜当下的幸福。**我们把过**

去和将来看得过重,就会把现实看得过轻。

有个人不小心从悬崖上掉了下来,幸运的是一根树藤在半空中将他缠住了。可是,下面依然是万丈悬崖,要靠自己的力量上去,根本没有可能。

正当万般无奈和恐惧将他压迫得不能呼吸的时候,忽然发现在伸手可及的地方,有颗娇艳欲滴的果子,看着是那么令人有食欲。他干渴的喉咙多需要这颗果子的滋润! 一定很好吃吧! 可是吃了果子,又有什么意义呢? 上不去会死,下去也是死。

不过,幸运的是,他现在还没死。但不幸还是来临了,在树藤上边,一只小老鼠开始啃树藤。按照这个速度,不到三分钟,树藤就会断裂,他就会坠入万丈悬崖,粉身碎骨。

如果你是这个人,你会如何选择?

或许正确的选择应该是——先吃了这颗果子再说。

其实,我们人生中,那些或美好或灰暗的未来并不会因为你的忧心忡忡而有所改变;而那些已经逝去的岁月与人生,除了在脑海中留下回忆外,不具有任何意义。重要的只有当下而已。

人生总是以为幸福藏在过往中:那些凝视过的眼神,那些紧握过的手,那些一同唱过的歌,那些彼此交心的岁月,我们以为这就是最大的幸福。人生也常常认为幸福就在遥远的未来:那些值得期盼的眼神,那些值得一握的双手,那些值得去唱的歌,那些值得交心的岁月,我们认为这会是最大的幸福。殊不知,也许正在此时,也许就在此刻,有一个人正默默地凝视着你,默默地为你祷告祝福,默默地为你伤心流泪。

当幸福来敲门的时候,我们似乎更愿意回忆和想象;而当幸福远走时,我们又要感慨自己失去了什么,又要寄希望于将来。其实,人生最珍贵的东西就在此时此刻停留着,而在下一分下一秒也许就要远离,而且一旦错过就是永远。正因为如此,我们才需要更好地把握现在这难得的幸福机缘。

台湾作家林清玄说:“昨天的我是今天的我的前世,明天的我就是今天的我的来生。我们的前世已经来不及参加了,让它去吧! 我们希望有什么

淡定——动如流水静如玉

样的来生,就把握今天吧!"上帝将过去和将来留给了我们,只是希望我们在回顾中珍惜现在,在畅想中把握现在。而幸福就在生活中的每一天,就在当下的每一时、每一刻,我们要做的就是好好地享受生活的每一个幸福时刻。

无论你贫穷还是富有,无论你出身卑微还是来自豪门,无论你身处高位还是居于人下,你都要记住:总有一天幸福会来敲门。这并不是所谓的幸运,而是生活的一种公平赐予。

我们总是羡慕那些有钱有势的人,总是幻想着自己某一天可以平步青云,过上和他们一样的生活。我们之所以孜孜不倦地追求这些,是因为我们执著地相信这就是幸福的标准。我们更愿意相信幸福是有钱人的游戏,更愿意用生活条件的优越与否来定义幸福。

所以我们常常会抱怨生活环境不好,抱怨世道不公,抱怨人生的际遇太过坎坷。居无定所的人羡慕有房的人,没钱的人羡慕富豪,农村人羡慕城市里的人,平民羡慕当官的,普通人羡慕那些有名望的人……我们一旦感觉自己的生活条件不好,就会认为自己毫无幸福可言,转而追求那些看上去更为丰富的生活方式。

然而,**幸福不是有钱人的专利,也不是拥有一切后的精神满足。**一个贫困的农民一样可以享受丰收的喜悦,一个普通的工人也会有自己独有的成就感,哪怕是一无所有的人也能体味到生命的自在。

幸福无处不在,它可以在富贵豪门之家,也可以在贫寒落魄之户;可以在功成名就之后,也可以在平常生活之间;可以在丰衣足食的富足之中。也可以在衣食堪忧的贫穷之中;它可以是沃土中成长的参天大树,也可以是微尘里开出的不起眼的小花。只要你善于发现这个世界的美丽。

诗人海子说:**"从明天起,做一个幸福的人/喂马,劈柴,周游世界/从明天起,关心粮食和蔬菜/我有一所房子,面朝大海,春暖花开/从明天起,和每一个亲人通信/告诉他们我的幸福/那幸福的闪电告诉我的/我将告诉每一个人/给每一条河每一座山取一个温暖的名字/陌生人,我也为你祝福/愿你有一个灿烂的前程/愿你有情人终成眷属/愿你在尘世获得幸福/我只愿面朝大海,春暖花开。"**

幸福就是这样,它原本就是一种平凡的人生体验,可能会藏在任何卑微平凡的地方。所以人生总是公平的,无论你的生活境况如何糟糕,无论你的身份地位如何卑微,你都能够享受到人生的幸福,你都会体会到生活的乐趣。生存环境也许让我们变得更加卑微,但是幸福却不曾卑微过,它一样会为你绽放,一样会为你歌唱。在生活的土壤里,无论富足还是贫瘠,只要你懂得去挖掘,就一定会有幸福的存在。

她早年丧母,独自帮助父亲把三个弟妹供上大学。后来嫁人了,又遭遇婆婆病重,病愈后却瘫痪了。她的工作是工资很低的代课老师;为了支撑这个家,她向村里人要了人家不愿耕种的田地,下课以后就去侍弄,地里自己吃不完的还可以拿到市场上去卖。她晚上不但要备课,照顾婆婆,还要安顿两个年幼的孩子。虽然她总是那么忙,但是她从来没有因为家而拖累自己的工作学习。在学校,她的教学水平不比那些从正规学校出来的老师差,她教的学生评比出来还是年年第一。有空的时候,她还会带着孩子去远足,去郊游。今年她还参加了民办教师转正考试,结果考了全县第一。

有人问她,会觉得辛苦吗?她爽朗地笑了。她说,生活虽然清苦些,但很踏实,很满足。平常看着一家人坐在一起吃饭,上课时看着孩子们充满渴望的眼睛,劳作时看着那一片绿得流油的庄稼,心里就会感到一种难言的幸福。人不是有钱就幸福,钱少些,同样可以过得很幸福。

生活只是那一杯水,要靠自己慢慢去品味,细细去咀嚼,用心去欣赏。你会发现,原来,最幸福的生活,就是在那如水的平淡中活出精彩。

当我们抱怨自己的生活不够幸福时,也许只是未曾理解幸福的含义,不知道什么才是真正的幸福。所以我们一再地错过,却一再地苦苦索求。也许我们过于轻视自己的生活条件,一而再再而三地忽略掉身边的幸福。生活其实很简单,幸福其实也很简单。正因为如此,幸福总是简单地存在着,没有什么特别的附加条件;它不会高高在上,让人难以捉摸。

每一个人都有理由被幸福笼罩,不过前提是我们要对生活保持信心,要对生活保持淡然的态度。

幸福是生活中那些平凡的点缀:一杯热茶,一口热饭,一个香甜可口的馒头,一份工资不高但还算快乐的工作,一间可以遮风挡雨的小茅屋,一个

淡定
——动如流水静如玉

小小的私人空间，一种不很如意但却自在的生活。有时候，这些就是幸福的全部要求，幸福的底线其实很低。我们或许过得很清苦，也许过得很不如意，也许一生都在为生存忙碌奔波，但是我们的幸福却并不曾远离。

有人说当你认为自己一无所有的时候，是人生最大的不幸，因为你也许还不曾在生活中挖掘到最有意义的东西，就错过了最有价值的东西。人生任何时候都不要对生活失去信心，不要把人生种种不如意的境遇当成毫无可能的绝境，也不要把平淡无奇、波澜不惊的生活状态看作平庸的表现。人生或许是平淡和卑微的，但是幸福却依然值得等待；只要我们拥有一双发现美的眼睛，就可以发觉和品味生活的幸福。

心灵悄悄话

逝去的美好岁月，追犹不及，无须沉湎；未来的美妙人生，想亦无用，何必执着？人生没有必要老是把过往的东西拿出来炫耀、拿出来感伤，也没有必要总是拿一些似是而非的愿望来自我安慰。人永远都只活在当下，就应该把握当下的幸福，而不是沉湎在记忆中或垂涎于将来。

机会面前，人人平等

　　受过情伤的人，不易再相信另一段感情，所以常常主动放弃到手的爱情；初入仕途的人，认为一切都是钱权的游戏，所以不愿参与其中，放弃了竞争的机会；没有背景和关系的人，认为自己没有强大的人力资源，所以甘愿退出社会竞争。**有时候，正是这些伤害的"后遗症"导致了我们对机会的放弃。**

　　有个年轻的工人在竞选车间主任的时候碰到了强劲的对手——副厂长的侄子。年轻的工人知道自己没有什么背景和后台，也不懂得拉拢关系，在台面上显然输了对手一筹；而对方一直都是有名的关系户，这次显然也是有备而来。他渐渐感觉自己在竞选中一定会落空，于是就主动退出了这次评选活动。

　　回到家中后，这个年轻的工人一直愤愤不平，抱怨工厂竞争的不公，抱怨官僚主义和裙带关系的不正之风。自己在能力上完全可以压倒对方，就是因为没有背景才会失去成功的机会。他的妻子听他抱怨了半天后，突然说道："对啊！这个社会总是不公平的，但机会却是你自己放弃掉的，怨不得别人啊！"

　　人人都有享受到幸福的机会，但是并非人人都会感到幸福。很多人会抱怨这个世界夺走了自己太多的东西，爱情、亲情、友情、事业、财富、地位、名誉……我们习惯性地表达自己的不满：我可以做得像别人一样好，可惜没有人愿意给我机会。我们习惯性地感慨自己生不逢时：为什么别人可以得到成功的机会，而我却处处受人压制。

　　生活每天都在给你机会。它不会给你一叠现金，也不会拱手送你个好

182

工作，但实际上，它还是在给你机会。

一位出租车司机在有客人的时候，会迅速地跑下车，为客人打开客座车门，等客人坐好了之后再关上车门。在驾驶座坐定之后，告诉乘客放在客人旁边整整齐齐的报纸是供客人翻阅的，接着会让客人挑选喜欢的音乐播放。每个人都能在他的身上感受到对生活的热情与希望。

其实，不久前的他还是一家大公司的高级职员，在金融海啸中，却不幸地成为了"大裁员"的牺牲品。但他没有放弃希望，而是重新开始了新生活。他坚持要成为最好的那个，哪怕只是做一个出租车司机。因为他坚信，也许生活会夺走他的一次机会，但他永远会抓住下一次机会，这就是他选择面对挫折的方式。你可以选择在不公平里放弃，也可以选择把握每一次希望；你可以选择躲在恐惧的阴影里自怜自艾，也可以选择开创另一种可能。机会不是等来的，而是要抓住的。每一个小小的机会累积起来，最终引导你走向的是你应得的未来。

这是一个竞争的社会，而且是一个不公平的竞争社会。或许每个人都能享受到竞争的权利，但是并非每个人都能得到公平的眷顾。我们常常会感到来自四面八方的压力和干扰，但是机会面前始终是人人平等的，幸福从来就没有偏向任何人。我们常常抱怨别人夺走了自己成功的机会，抱怨社会夺走了自己的幸福，然而幸福其实一直都握在我们自己手中，只是我们常常主动放弃了而已。

若非拱手让人，任何人都无法轻易剥夺我们的幸福。或许每个人都会遭遇到一些悲惨的不公平的待遇，但是使我们受伤最深的往往不是这些经历，而是我们默许了苦难的发生，而是我们自己放弃了抵抗，放弃了追求幸福的机会。别人或许千方百计地阻止你获得幸福，但是只要你自己不曾放弃对幸福的追求，那么机会就永远都会为你保留。

社会遵循的是弱肉强食的竞争规律，世间没有绝对的公平，但是机会永远都存在着，生活从来没有对你关上大门，别人可以坦然地走进去，你也一样可以进去。无论世事如何复杂，无论人生何其无奈，我们每一个人都值得为自己的幸福拼搏一下。**也许社会不会轻易让你得到自己想要的东西，但是自己主动放弃才是真正的可惜。**

倘若生活辜负了你，你不要辜负自己，反而要变得更加坚强；倘使生活真的遗弃了你,你不要轻易遗弃自己的幸福,放弃自己的人才会一无所有;倘若社会不曾给予你足够的公平,那么你一定不要放弃那些仅有的机会,要知道人生的不公有一半是社会的过错,另一半则是自己的过错。其实,幸福的决定权永远抓在自己手中,每个人的手中都握有改变生活的神秘力量,没有人能真正阻止你得到幸福,除了你自己。**幸福就是一种人生的选择,只要你敢于让自己承受幸福,那么幸福就一定会紧握在自己手中,没有人能够将它夺走。**

喝咖啡的人讲究情调,喝茶的人讲究趣味,品位不同,但喝的都是心情,都是幸福;开轿车的人享受兜风的快感和刺激,骑自行车的人则享受夕阳下的缓行,生活等级不同,但是感受的都是自在和轻松;有人拿着钻戒求得爱情,有人则编织一个手链俘获芳心,定情之物天差地别,但爱情带来的幸福感是一样的。

他是个贫苦的农民,但是他的哥哥却是全国有名的大企业家、社会名人。有位记者因为采访不到这位企业家,于是便找到了他。记者问:"你现在过得开心吗?"农民直率地回答:"开心,一半是为了我哥哥,一半是为了我自己。"记者再次问道:"看来不多久以后,你会和你哥哥一样开心。"农民摇摇头说:"不,我一直以来就和他一样开心。"

人生免不了会有差距,会有尊卑贵贱之分。有富贵的人,就注定会有贫穷的人;有地位崇高的人,就一定会有身份低下的人。而社会层级的出现往往也决定了我们的幸福观,决定了我们的幸福体验,我们会想当然地以为"他的生活条件比我好,所以他比我会更加幸福美满"。多数人都把幸福当成身份、地位、财富的附属品,所以社会等级越高的人,似乎幸福度越高。正因为如此,每个人都争着往上爬。

幸福其实是等价的。一朵花开得再艳丽,它的幸福感与一株不起眼的小草都没有任何本质的区别。它们同样享受了春天的喜悦,同样感受到了生命的绽放和自在,同样经历着风吹雨淋,同样头顶着蓝天和白云……无论高贵或是卑微,它们都享受着同样的幸福。

幸福从来就不分等级。每个人都处在不同的社会位置,扮演着不同的

社会角色,但是对幸福的获取是一样的。幸福是等价的。无论你身份地位如何,无论你的生活条件如何,你所收获的幸福并不会比别人多,也不会比别人要少。

一天,富有的父亲带着儿子从城里去乡下旅行,想让他见识一下穷人是怎么生活的。在农场一户最穷的人家里,他们度过了一天一夜。

旅行结束后,父亲问儿子:"旅行怎么样?"

"好极了!"

"这回你该知道穷人是什么样了吧?"

儿子回答:"是的,我知道了。"

"你能描述一下富人和穷人的区别吗?"

儿子想了想,说:"我们家里只有一条狗,可是他们家里却有4条狗;咱家仅有一个水池通向花坛的中央,可他们竟有一条望不到边的小河;夜里我们的花园里只能看见几盏灯,可他们的花园上面却有千万颗星星。还有,我们的院子里只能停几辆小汽车,可他们的院子却能容得下几百头奶牛!"

儿子说完,父亲哑口无言。

接着儿子又说:"等我长大了,一定要过上和他们一样的富裕生活!"

我们无须刻意去追求那些富贵的生活,更无须去羡慕别人的富贵生活。**幸福是不分高低贵贱的,富人没有必要产生特别的优越感,穷人也没有必要妄自菲薄。**每个人都受到了幸福生活的照顾,只要我们善于用心,就能够发现其实自己的生活并不比别人差,我们并不是想象中被幸福遗弃的"孤儿"。当我们羡慕空中楼阁的美妙绝伦时,如果能够细心观察生活,就会发现其实自己的花园也是不遑多让;当我们羡慕天堂的自在生活时,发现人间其实也有很多美好的事物,也会有自在的生活;当我们渴望像别人一样高高在上,体会一览众山小的快感时,往往会发现其实半山腰中的美景也别有一番风味。

幸福就像阳光雨露一样,高大的树木可以享受到的,低矮的花草一样可以享受到,没有谁比谁更加受到眷顾。我们总是把幸福看得太高,以为自己高攀不上，以为自己无法轻易抓住。其实幸福很平凡，只是我们不曾想得那么平凡。我们总是把自己的幸福看得很低贱，认为自己的幸福生活一定不如别人；其实幸福并不低贱，只是我们低看了自己。所以**真正的穷人并不是物质上的短缺，而是幸福感的缺失。**

　　世界上没有高贵的幸福，也没有低贱的幸福；世界上没有高高在上的幸福，也没有卑微到尘埃里的幸福；世界上没有万人敬仰的幸福，也没有遭人鄙视唾弃的幸福。没有谁的幸福会比别人的卑微，没有谁的幸福会比别人的憔悴。倘使说社会不曾让人人平等，那么幸福面前，绝对是人人平等的。只不过我们要摆正心态，要更加淡定地看待和把握自己的幸福，用心去体验生活的幸福，这样你就会发现自己一直很幸福。

🦋 心灵悄悄话

　　幸福的决定权永远抓在自己手中，每个人的手中都握有改变生活的神秘力量，没有人能真正阻止你得到幸福，除了你自己。幸福就是一种人生的选择，只要你敢于让自己承受幸福，那么幸福就一定会紧握在自己手中，没有人能够将它夺走。

淡定——动如流水静如玉

186

忽略不足，自在生活

人生没有完美可言，完美只在理想中存在。所以，我们偶尔也该放过自己。正是因为有了缺陷，我们才有梦想，有希望。**当我们为梦想和希望而付出努力的同时，就已经拥有一个完美的自我。**

有个青年长得其貌不扬，大家都取笑他的长相，处处讥讽他，但是一个漂亮女生却对他情有独钟。这个女生拥有众多的追求者，有些是富家子弟，有些是俊美少年，更有些是年少得志的成功人士，但是她坦然地拒绝了所有的追求者，转而喜欢上了这个相貌丑陋、家世一般的年轻人。

面对美人的垂爱，年轻人感到有些受宠若惊。他实在不敢相信自己的眼睛，但他也发誓一定要让自己配得上这个女孩，于是就去整了容，并预备给对方一个惊喜。新婚当天，当他以崭新的面貌出现在新娘面前时，新娘被惊呆了，但最后提出了分手。因为青年已经失去了真实的自我，又如何取得真实的爱恋呢？

我们害怕面对自己身上的缺点，担心因为某个缺点的存在破坏了整体的形象和美感，所以千方百计地想要弥补、掩饰或者改正。为了得到老板的青睐，我们努力让自己成为老板喜欢的那种员工；为了得到恋人的芳心，我们不断委屈自己去迁就对方；**为了迎合别人，我们抹杀了自己原来的性格和个性。想要成为别人心中完美的存在，然而我们往往会发现，这个陌生的自己对别人也是同样的陌生。**

其实，在人世间，完美与不完美只存在于一念之间。苛求完美只会离完美越来越远；放弃完美，反而会发现人世间的一切都有其独特之美。并不是所有的缺点都给人带来烦恼，并不是所有的缺陷都一无是处，缺陷往往往会是一个美丽的点缀,恰如美人脸上的黑痣一样,不但没有破坏脸的整体美感,反而是恰到好处的装饰,让人感觉到更加有魅力。只要我们善于去挖掘,那么缺陷的存在反而会成为一种美的象征,反而具备了美的价值。

缺陷并不一定是坏事,只要懂得利用好自己的缺陷,一样可以将劣势转化为优势。

很多时候,我们努力做到天衣无缝、尽善尽美,最后却发现生活了无生机,一切都太过程式化了;有时候,我们努力想要做到完美,却发现自己的生活反而变得千疮百孔了。完美只是对自然规律的一种破坏,**"水至清则无鱼,人至察则无徒"**,一件东西如果太过完美了,反而让人觉得不舒服。一个人如果表现得太过完美了,反而更容易让人抗拒和怀疑。

有个年轻的女孩工作干练,身材窈窕,长得也十分漂亮,但美中不足的是,她左边的脸颊上有一道长约五公分的伤疤。

公司一名男同事觉得美女脸上有一道疤实在很可惜,于是找机会对她说:"现在的整形手术很先进,你可以把那道疤去掉,这样就更完美了啊!"但女孩只是笑笑,摇了摇头。

几天后,男子见到她,又急急地问:"你去问过整形医师了吗?快去把脸上那道疤去掉吧,真的不好看。"女孩还是没有回答。

又过了几天,男子在茶水间遇到女孩,正要提起那道疤,不料女孩却望着他,露出诧异的表情说:"天啊!发生什么事了?你脸上怎么有一道疤?"男子大吃一惊,冲到厕所去照镜子,但自己的脸上什么也没有!他责问女孩:"我脸上根本没有疤,你为什么胡说?"

女孩笑了:"我一点也不介意脸上这道疤,但你每次见到我就要说一次,显然比我还在意。所以,这道疤不是长在我脸上,而是长在你脸上啊!"

女孩说完就翩然离开了,剩下男子面红耳赤地站在原地。

脸上的一道疤可能是一个缺陷,但只要正确面对,它就只是一道疤而已。过于追求完美只会让那道疤长在心底,无法弥补。

当一个人的身上有着某些小小的缺点和错误时,我们通常将它看作人格魅力的一部分;当某一个事物上有着某些难以改变的缺陷时,我们常常将它当成自然美的表现；当一件事做得还不够完美时，我们反而愿意将它作为一种行动标准；当某一件东西让人感到有一丝遗憾时，我们却更容易被它吸引，也才能更加珍惜它的存在。

有个小孩问哲学家为什么拼图板中总是有一个空格存在，哲学家说："**正因为有这个空格，人们才能拼出各种最喜欢的图片来，这个缺陷往往才是完美的开始。**"人生也有各种各样的拼法，如果一成不变地全部排满，那么永远都是那一幅单调的图画。而缺陷的存在激活了人生的排列方式，可以让我们有更多的不一样的选择和体验。

世界的本相就是缺陷，没有任何东西是绝对完美的，就像没有绝对的圆一样，刻意去追求完美本身就是一个不完美的念想和决定。而实际上，我们没有必要排斥缺陷的存在，没有必要将缺陷当成一种丑陋的象征。事实证明，正因为缺陷随处都在，我们的世界和人生才能这样美好，我们才能够体会到生活的乐趣。

人生处处皆是浮华，我们习惯了世界的嘈杂，习惯了世界的喧嚣，我们习惯了蹚着风尘去走路，习惯了把自己放任在社会乱流中。即使我们的生活条件越来越好，却仍是觉得空虚和无奈。**那些被生活搅得晕头转向的人，忘了幸福其实就长在心里。**

某机构曾经做过一个有关幸福指数的调查，调查人员采访了富豪、工人、农民、官员后，发现只有不足百分之二十的人感到生活很幸福，而多数人都处在为生活而生活的挣扎状态，认为生活十分的压抑和无奈。调查人员不禁感叹道：幸福竟然会如此艰难。

多数人都抱怨自己不够幸福，虽然自己有房有车，有妻有儿，有财富有地位，却总认为自己只是为了生存而生活，并没有多少幸福可言。普通人成天为生计忙于奔波，面临很大的竞争压力，所以一直要为家庭的衣食住行担忧，为一家的生活奋斗，根本没有多余的时间来体验生活的乐趣。而我们以为会很幸福快乐的高官或是富人，整天忙于应酬，面临着巨大的工作压力，没有时间陪家人陪小孩，也常常觉得寂寞和孤独。

我们生活过得太过浮躁，太过匆忙，一切都还来不及细细品味就一晃而过。我们享用着最美味可口的饭菜，却常常食而无味，只是当成解决温饱的干粮，甚至觉得难以下咽；我们品尝过最昂贵的好茶，却从来不曾品出其中的清香,只是当成了解渴的一杯清水;我们安卧舒松暖和的大床,却常常不解乏困,如同睡在地板上一样翻来覆去。

其实,幸福没有缺失,只是被生活的浮躁和喧嚣掩盖住了。当我们安静地坐在窗台前,沏上一杯茶,慢慢啜饮,就能够感到生活的休闲和自在;当我们静下心来躺在躺椅上,独自仰望星空,就能够感到生活的放松和惬意;当我们怀抱了一颗淡定的心,生活也就安静下来。

从前有个国王到花园散步。正值深秋时节,他看到花园里的花草树木都枯萎了,只有细小的心安草茂盛地生长着。

原来,橡树由于没有松树那么高大挺拔而轻生,松树因为自己不能像葡萄那样结出许多果实所以嫉妒而死,葡萄则哀叹自己终生匍匐在架子上不能直立,其余的花草也都因为自己的平凡而无精打采。

国王看了看这棵平凡得不能再平凡的心安草问道:"别的植物都枯萎了,为什么你却生长得这般勇敢乐观,毫不沮丧呢?"心安草回答:"那是因为我不自卑,一点都不灰心失望,也没有什么非分之想.平心静气地做棵心安草,等待着春天的降临。"

心静就是福,神安心自在。

幸福无处不在,无论是宁静处还是喧嚣中,无论是车水马龙的繁华闹市,还是闲云野鹤的山野之林,都存在人生的幸福,只不过我们常常被浮华遮蔽了自己的耳目,不能静下心来细细品味罢了。当心灵宁静的时候,一个人可以听见花开的声音,可以听到幸福正悄悄地来临。

有位诗人曾经说:"世界上的一切幸福,都以心里宁静作为基本特征。"心静了,幸福也就来临了。一直是我们自己没有认真地去体验生活,没有认真去发掘生活的美好,我们放不下繁华世界的芜杂,放不下名利的牵扰,放不下内心的执着。当我们懂得静下心来,这个世界上就没有什么可以阻碍你获得幸福了。当我们没有了欲望,没有了执着,没有了人世间的是是非非,没有了人生的种种负担,我们就能够无拘无束.自由自在地享受生活;而这就是幸福人生的最佳标准。

幸福是一池春水,当你搅动池水时,水自然会变得浑浊;但是当池水平

淡定——动如流水静如玉

静下来并沉淀之后，你就会发现水的清澈；幸福是雁过寒潭，若你错过了雁的身影，可是心静之时，还能够听见雁鸣之声久久地回荡；幸福是花蕊的悄然绽放，当你细细品味时，才会闻到那一片在馨香；幸福是飘扬而过的清风，只有心静之时，才能发现它一直徘徊在你的脸庞。

心灵悄悄话

　　世界的本相就是缺陷，没有任何东西是绝对完美的，就像没有绝对的圆一样，刻意去追求完美本身就是一个不完美的念想和决定。而实际上，我们没有必要排斥缺陷的存在，没有必要将缺陷当成一种丑陋的象征。事实证明，正因为缺陷随处都在，我们的世界和人生才能这样美好，我们才能够体会到生活的乐趣。

换个角度，精彩世界

当我们心灰意懒的时候，要懂得换一种方式来看待生活。**世界有千面之颜，不同的位置能够看到不同的切面，这一面不快乐，那就换一面。**

有个老干部到了退休的年纪，回家后一直闷闷不乐，连饭也不肯吃。家里人都知道他内心的失落，但是也不便说些什么。家里的小孙女不知道发生了什么事，更不知道爷爷为什么不吃饭，就拿着自己的小碗嚷嚷着要给爷爷盛饭。老人拉住小孙女，突然自言自语地说："爷爷不用上班了。"

小孙女听了若无其事地笑起来，老人只好无奈地苦笑着说："爷爷就不能带你去机关大院玩了。"小孙女并不在意，奶声奶气地说："那你就可以留在家里陪我玩了。"他突然恍然大悟："是啊！自己不是一直以来都没有时间陪孙女吗？现在倒是成全了一桩心愿。"一想到这里，他阴郁的脸上不禁绽放出笑容。

有的人把失业当成绝望人生的开始，有的人却愿意将它当作人生新的起步；有的人因为失恋了而痛苦不堪，有的人却庆幸自己趁早摆脱了一段无缘的感情；有的人把一无所有当成一种生活的悲剧，有的人却将其看作自由自在一身轻。有人感慨自己失去了一半的水，有人庆幸自己尚且留有一半的水，这种不同的观点和态度，就决定了不同的人生。

生活有很多角度可以用来观赏和评判，有人看到了天堂，有人看到了地狱，有人看到了人间的真相，有人一无所见。**这个世界究竟怎么样，关键是你的心态如何，关键是你愿意从哪个角度去看待这个世界。**

我们不要把现实想象得太过糟糕，不要轻易就对生活失望，更不要绝望。也许是我们不曾了解身边的世界，不曾了解自己的生活，是我们没有站在更为合理的立场和角度来对待我们的世界。**一千个人眼中就有一千个哈姆雷特,因为每个人都选择了从不同的视角去分析。**生活也是如此,没有一个绝对化的观察和评判标准,我们无须拘泥于现有的价值观和立场。也许当我们试着换个角度和方法去看世界时,就能够发现世界原来这般美好。

大雨刚过,一只在断墙处结了网的蜘蛛艰难地向着墙上爬去,那里有它已经支离破碎的网。由于墙壁潮湿,它一次次地向上爬,一次次又掉下来……一直在里面避雨的三个人看到蜘蛛爬上去又掉下来的情景,开始讨论起来,他们的观点却大不一样。

第一个人叹了一口气,自言自语地说:"唉,我的一生不正如这只蜘蛛吗?虽然一直都在忙忙碌碌,可结果却是一无所得。看来我的命运和这只蜘蛛一样是无法改变的。"

第二个人在旁边静静地看了一会儿,不屑一顾地说道:"这只蜘蛛真愚蠢,为什么不从旁边干燥的地方绕一下爬上去呢?以后我一定要认真思考,不能一味地埋头苦干,尽量寻找解决问题的捷径。"

第三个人专注地看着屡败屡战的蜘蛛,他的心灵被深深地震撼了,他在想:"一只小小的蜘蛛竟然具有如此执着而顽强的精神,有这样的精神就一定可以取得成功。我真应该向这只蜘蛛学习!"

角度决定心态,心态决定命运,一切都在你自己的把握。

生活自有它的本相,但从来都不是千篇一律的。人生可以笑着过一辈子,也可以哭着过一辈子。生活不会刻意为你而改变,所以就看你如何对待生活。你站在刻薄的、无奈的那一面来看待生活,生活自然也就满目疮痍;你站在乐观豁达的那一面看待生活,生活就永远都为你留存着一米阳光。

常言道:知足常乐!**人生是否快乐,关键看你是否知足。**当负面情绪袭来,我们需要换一个角度去理解。虽然工资比别人少,但精神世界可能比他们丰富;虽在小城市,但空气也许比大都市好,没有沙尘暴;当我们被繁重的工作压得疲惫不堪时,不妨想一想还有人正在为找不到工作而发愁。换个角度,你就能平静地面对简朴的生活,充满希望和满足地生活。

在地面仰望高山时,我们感觉到了自己的渺小;站在山巅往下看时,我们又感觉到自己人生的高度。高山还是高山,我们也还是我们,唯一不同的是位置。换个角度,生活也许就不再那么悲催,也不再有那么多的无奈和烦恼;换个角度,我们就能摆脱生活的阴影,就能找到生活的阳光;换个角度,世界就会向我们展示一个崭新的面貌,人生也会迎来一个崭新的开始。幸福其实很简单,幸福其实无处不在,有时候只需要你换一个角度,再看世界时,世界已这般精彩。

芝兰生于幽谷,不因无人问津而不发;梅花开于墙隅,不因阳光不照而不香,流水绕石而过,不因山石之阻而争吵。**无论世界如何对待我们,我们都该努力绽放自己的光华。只要用心去感受,乌云背后总有阳光。**

有个孤儿从小就流浪街头,饱尝人间冷暖。在他眼中,这个世界就像自己寄居的下水管道的暗角一样晦暗无光,没有任何色彩,所以生活对他来说并没有什么值得留恋的东西。

因为性格孤僻,他患上了严重的抑郁症。一些好心人帮助他治愈病症,教他学习认字,希望他能够像正常人一样融入社会中去,但最终还是失败了,下水道的阴影已经彻底融入他的血液中。终于有一天他纵身跳下高楼,在他的尸体旁人们发现了一张纸条,上面歪歪扭扭地写了几个字:下水道。

我们也许从来没有真正看过这个世界一眼,我们也许从来都是躲在生命的暗角里谨慎地窥探这个世界。我们在失败中抱怨世界的不公,在伤害中埋怨生活的残酷无情,在一无所有的时候慨叹人生的无奈。我们抱怨自己没有像样的工作,没有美满的爱情,没有得到公平的待遇,抱怨外面的世界如同一潭死水,惊不起一点儿涟漪。

然而这个世界原本是很精彩的,只是我们常常觉得它不属于自己罢了,或者说我们还不曾发现过它的精彩。如果我们能够静下心来好好观察这个世界,就会发现生活中处处都是那么幸福美好,外面的世界并不像我们所想象的那样糟糕。**人生也许会有一些无奈,会有一些悲伤,但是它一**

直都是那样美丽。

有个家庭主妇总是抱怨住在对面的邻居太过懒惰，"那个女人的衣服永远洗不干净，看！她晾在外院子里的衣服，总是斑斑点点的。我真的想不通，她怎么连洗衣服都洗成那个样子……"她和丈夫这样说的时候甚至还带着一点儿愤怒。

直到有一天，有个"明察秋毫"的朋友在听到她的抱怨后，笑着说："其实，并不是对面的太太衣服洗不干净。"这位朋友拿了一块干净的抹布，在家庭主妇家的窗户外面擦了擦。去掉尘土和灰渍后的玻璃明晃晃地映着主妇的脸，朋友又玩笑似的敲了敲玻璃，说："看，这不就干净了吗？"

原来，脏的是自己家的窗户。

我们常常以为世界是污浊的，其实是因为自己的眼睛被蒙上了灰尘，才误解了世界的真相。一个失衡的天平是永远也称不好物体的，而我们之所以抱怨道路的崎岖，也许只是因为车子的不平稳而已。

世界原本就很精彩，只是我们未曾站在正确的角度和位置去观看而已。我们也不要轻易对世界和生活失望，要知道：**当你笑的时候，满世界都是笑容；当你哭泣的时候，满世界都是忧伤。一个内心有伤口的人，满世界都会是创伤。**一件卑微的小事足以扼杀我们脆弱的心灵，而我们脆弱的心灵往往足以扼杀整个世界的美丽。

生活赐予我们辽远的土地，赐予我们广阔的天空，还赐予我们新鲜的空气，而且我们有朋友，有亲情，有爱情，有许多自由自在的空间，所以生活一直都这般美好。不要因为世界给予的美好不够多而产生抱怨和不满。我们的欲望越重，痛苦就越多；而希望越高，失望也就越大。

多少人在离开这个世界时，都后悔自己将时间浪费在抱怨世界的无奈与凄凉上。人性的冷暖，生活的苦乐，人生的成败得失，世事的尔虞我诈，即便会让我们对世界失去信心，我们也不能因为天空有过乌云就认为天空一直都黯淡无光。常常有人说："过去的世界真好。"然而世界一直以来都是这么美好，发生变化的只是人心。

无论我们是否愿意去承认，世界都一如既往的美丽，海明威说："**这个**

世界是美好的,它值得我们为之奋斗。"是的,这个世界原本就是美好的,它是一个春光四溢的花园,美景无处不在。即使没有你的存在,蝴蝶仍然翩飞;没有我的到来,花儿仍旧兀自绽放。世界从来不因你而繁华,也不因我而美丽。当我们静下心来定眼看去时,世界已经这般精彩。

🦋 心灵悄悄话

　　角度决定心态,心态决定命运,一切都在你自己的把握。生活自有它的本相,但从来都不是千篇一律的。人生可以笑着过一辈子,也可以哭着过一辈子。生活不会刻意为你而改变,所以就看你如何对待生活。你站在刻薄的、无奈的那一面来看待生活,生活自然也就满目疮痍;你站在乐观豁达的那一面看待生活,生活就永远都为你留存着一米阳光。

淡定——动如流水静如玉

第十篇　淡定面对负面的情绪

在媒体中,不时有关于自杀的报道,那么,自杀的都是些什么人呢?

那些人可能有千万种,而且原因也各不相同,但有一点一定都是相同的,那就是:他们都很在意一些事情,并把它们看得有如生命一样重要。

这时,损害了它们或失去了它们,这些人就会如同损害或失去了他们的生命,这种过于执着,不懂得淡泊,不懂得放弃的处世态度是不利于人生的。

失去就有失去的道理,我们只需要用一颗平淡的心来面对,让生命变得豁达和从容。

镇定自若，认知人生

莎士比亚曾经说过："**聪明的人永远不会坐在那里为他们的损失而悲伤，却会很高兴地去找出办法来弥补他们的旧创伤。**"

当杰勒米·泰勒丧失了一切的时候——他的房屋遭人侵占，家人被赶出家门，流离失所，庄园被没收了，他这样写道："我落到了财产征收员的手中，他们毫不客气地剥夺了我的所有财产。现在剩下了什么呢？让我仔细搜寻一下。他们留给了我可爱的太阳和月亮，我温良贤淑的妻子仍在我的身边，我还有许多给我排忧解难的患难朋友，除了这些东西之外，我还有愉快的心、欢快的笑脸，他们无法剥夺我对上帝的敬仰，无法剥夺我对美好天堂的向往以及我对他们罪恶之举的仁慈和宽厚。我照常吃饭、喝酒，照样睡觉和消化，我照常读书和思考……"

在意外打击和灾难面前，泰勒仍感到有足够的理由高兴、欢乐，他像是爱上了这些痛苦和灾难似的，或者说，他在这种常人难以摆脱的痛苦和怨恨中仍然能够自得其乐，真可谓不以常人之忧为忧，而以常人之乐为乐。他之所以能做到这一步，是因为他善于正视困难，视灾祸为一点寻常荆棘，他即使坐在这些荆棘之上，亦不足为忧。

生活中烦心的事情是很多的，我们的一生中很少有几次能够真正感到自己的生活一帆风顺，多数情况下是诡谲多变的，所以人们常说不如意事十之八九。**在这种环境之中，唯一能使我们保持平静心情的办法，就是让自己"随遇而安"，就是让自己"无所谓"。**一个人若能不管际遇如何，都保持豁达的心境，那真是比拥有万贯家财更有福气。

一个人搭车回家，行至途中，车子抛锚，当时正值盛夏午后，闷热难当。当他得知四五个小时后才可起程时，别人都在抱怨，他却找了一个凉爽平坦的地方美美地睡了一觉。当他睡醒时车子已经修好,趁着黄昏的晚风,他踏上了归程。之后,他逢人便说:"真是一次最愉快的旅行!"

由此,随遇而安的妙处可见一斑。假如换了别人,在这种情况下,恐怕只好站在烈日下,一面抱怨,一面着急。可那辆车子不会因此提前一分钟修好,那次旅行也一定是一次最糟糕的旅行。

砂糖是甜的,精盐是咸的。它们是味道的两极,互为正反,如果想要使食物尝起来是甜的,只要加点糖就可以了。然而事实上若我们再加入些盐,反而更能增强砂糖的甜度与味道。这是因为调和了互为正反的两种味道,产生了一种新鲜滋味,这正是造物主微妙的安排。

事物都有正反两面。有对立的关系,我们才能感受到自己的存在,才能体会出那种类似砂糖里加入盐的滋味。所以,与其为那些难过的事情苦恼,还不如想想如何去接纳、调和它们。如此,必能产生新的美味,而坦途也就在我们面前展开了。

当你遭遇不如意事的时候,尽可把它看作一幕戏或一段小说,而你不过临时做了其中主角而已。那样你反倒觉得自己有所收获而感到欣慰。

无论你如何精心设计,或者想象事情会如何发展,或者相信事情应该如此……有些事总会让你感到迷惑、难堪或不平衡,你无法解释为什么会这样。也许是因为你的情绪、你的身体状况,也许因为航班,天气等客观原因,或者是因为这些因素综合在一起。

无论发生什么情况,都应该接受这种混乱、难堪的状况,从心理上把这些烦恼作为生活的一部分来接受。你应该知道,鲜花永远是和荆棘相伴的。

具有乐观、豁达性格的人,无论在什么时候,都能感到光明、美丽和快乐的生活就在身边。他们眼睛里流露出来的光彩使整个世界都流光溢彩。在这种光彩之下,寒冷会变成温暖,痛苦会变成舒适。这种性格使智慧更加熠熠生辉,使美丽更加迷人灿烂。

不过,要做到这点确实不容易。如果太坏的事情不是发生在自己或自己的亲朋好友头上,人人都能够保持冷静的心态;如果不是你的家庭被破坏和惊吓,你是容易冷静的;并且在你没有受到严重的侵犯时,你也很容易

淡定——动如流水静如玉

理解怎样去宽恕别人。但是，当你遇到不幸的事情时，想继续保持冷静和宽容对于一些人而言就很难了，因为他们不能无所谓地看待这一切。

控制自己受伤的情绪，不管是因为焦虑、不满、孤独，还是愤怒，你必须尽可能地对自己所做的任何事情负责，充分考虑任何行为的后果。虽然有些事情你是无能为力的，比如别人的决定和行为，你肯定不能将世界按照你的愿望来塑造，但是你还是应该努力去改变这种现状。既然如此，那就无所谓一些，看淡一些。有些事情你是可以控制的，如你自己的想法、怎样对形势做出反应以及自己将来的打算等。你可以查明不切实际的目标和超出现实的期待，然后将其抛弃或将其更改得合乎情理；你可以时常回过头来想想，而不要一味盲目前进；你可以停下来思考一下或是听听别人的看法。只有这样，你才能真正看到到底发生了什么，弄明白什么是正确的，什么是不正确的，并且最终接受现实。

生活中不管发生什么事都能沉住气、稳住神，这是一种修炼、一种涵养、一种能力，更是一种实用的和理智的对待现实的正确心态，处事不惊和处变不惊能使我们进退的余地大大拓宽，这样的人往往能够成为强者和快乐者。所以，**要想活得旷达安然，就要有一种任凭云卷云舒，我自安然信步的胸怀**。

据说东方的渤海国宰相去世的时候，国王想从两个同样优秀的年轻大臣中选择一人做新宰相。国王把他们俩留在宫中，分别让人告诉他们："祝贺你，明天国王将宣布你做宰相！"

然后，国王让人领他们回到各自的房间睡觉，然后，国王躲在隔壁仔细观察两人的动静。其中一个人内心过于激动，一夜未眠。而另一个人走进卧室不久，便静静地睡去，不时有鼾声传出，直到第二天仆人把他叫醒。

能静静入睡的那位大臣当了宰相，而一夜未眠的那位落选了。

国王说："一听说要当宰相就激动得睡不着觉的那位说明他心里放不下事。当宰相，就要有腹中能撑船的度量。"

事实也正像这位国王说的一样，心里放不下事，一有事就焦躁不安，担心事态不知向何处发展，总猜测是好事还是祸事，有利于己还是有损于己？

这样的人是做不成大事的,他的这种焦躁不安,不纯粹是兴奋,更多的是出于"担心"这种心态。

读过《飘》的人可能都注意到这样一个细节,每当斯佳丽遇到什么烦恼或者无法解决的问题时,她就对自己说:"我现在不要想它,明天再想好了,明天就是另外一天了。"

实际上,这种习惯是一种以无所谓的心态给心灵松绑的方法。它体现在实践中就是万事其实都有无所谓的一面,如果我们为某个问题、某项取舍苦苦挣扎一整天,仍然无法理出头绪,无从下手,那么最好暂时放下它,不要让自己作任何决定,让它在时间中成熟一些再去解决。

时间是生活最耐心的朋友。等问题的坚硬外壳被时间风化后,要剥开它就相对容易得多。

斯佳丽松开绑绳的办法,就是一种凡事无所谓、凡事无所惧的心态,既承载了人生的责任,也具有乐天派的胸襟。

凡事无所谓反映的是一个人生命的品质和品位,这是不争的事实,这是一种不同凡响的处世气度。唯有凡事无所谓的心态,才能举重若轻、处事从容和无所畏惧。

被称为成功人士的人,也多半是深谙生活之道的人,他们是在社会群体中能够摆正自己位置的人,太在乎自己,人生就不能超脱,也就不会把一些荣辱看得无所谓。**太在乎自己,就有可能把自己看得太高,而把自己看成是高人一等的人,最终会使自己成为一个愚人。**

特别在乎自己的人总觉得在这个世界上,唯我最大,舍我其谁,一副不知天高地厚的架势,说大话,吹大牛,以示自己伟大的魄力和气度。相反,不太在乎自己的人都是脚踏实地干实事的人,而不是自吹自擂的谎话专家。人们佩服的是那些平易恬淡、超然潇洒的人,而不是那些盛气凌人、不可一世的人。

有这样一件趣事。在美国纽约的一个既脏又乱的候车室里,靠门的座位上坐着一个满脸疲惫的老人,背上的尘土及鞋子上的污泥表明他走了很多的路。列车进站,开始检票了,老人不紧不慢地站起来,准备往检票口走。忽然,候车室外走来一个胖太太,她提着一只很大的箱子,显然也要赶

淡定——动如流水静如玉

这趟列车，可箱子太重，累得她呼呼直喘。胖太太看到了那个老人，冲他大喊："喂，老头，你给我提一下箱子，我给你小费。"那个老人想都没想，接过箱子就和胖太太朝检票口走去。

他们刚刚检票上车，火车就开动了。胖太太抹了一把汗，庆幸地说："还真多亏你，不然我非误车不可。"说着，她掏出一美元递给那个老人，老人微笑着接过。这时，列车长走了过来，对那个老人说："洛克菲勒先生，你好。欢迎您乘坐本次列车。请问我能为你做点什么吗？""谢谢，不用了，我只是刚刚做了一个为期三天的徒步旅行，现在我要回纽约总部。"老人客气地回答。

"什么？洛克菲勒？"胖太太惊叫起来，"天哪，我竟让著名的石油大王洛克菲勒先生给我提箱子，居然还给了他一美元小费，我这是在干什么啊？"她忙向洛克菲勒道歉，并诚惶诚恐地请洛克菲勒把那一美元小费退给她。

"太太，你不用道歉，你根本没有做错什么。"洛克菲勒微笑着说，"这一美元是我挣的，所以我收下了。"说着，洛克菲勒把那一美元郑重地放在了口袋里。

真正懂得快乐的人，是那些即使是名人也不张扬的人，他们过的是平凡人一样的生活。因此，他们过得很平和，无所谓。

爱因斯坦创建相对论之后，科学界褒贬不一。1930 年，德国出版了一本批判相对论的书，书名叫作《一百位教授出面证明爱因斯坦错了》。

爱因斯坦知道后，不禁哈哈大笑。他说："一百位，干吗要这么多人？只要能证明我真的错了，哪怕一个人出面也足够了。"

真理只认可科学的推理与事实，与人数无关。真理面前，"人海战术"并不能说明问题，更不能给谬论带来面子。可见爱因斯坦也不在乎别人的攻击，而是直指他们的痛处。

有一天，爱因斯坦在纽约的街道上遇见一位朋友。

"爱因斯坦先生"，这位朋友说，"你似乎有必要添置一件新大衣了。瞧，你身上这件多旧啊！"

"这有什么关系？反正在纽约谁也不认识我。"爱因斯坦无所谓地说。

几年后，他们又偶然相遇。这时，爱因斯坦已然誉满天下，却还穿着那件旧大衣。他的朋友又建议他去买一件新大衣。

"这又何必呢？"爱因斯坦说，"反正这儿每个人都已经认识我了。"

如果洛克菲勒和爱因斯坦脑子里总装着诸如该穿什么大衣，该给别人留下什么印象才有面子之类的事儿，并把这些看得很在意，那他们就不会成为伟大的企业家和科学家，而是"面子"的奴隶了。

一个人如果过于看重自己，势必就会看轻别人，在这轻与重之间，自然就形成人际关系上的距离和隔阂，这种对于自己的认知态度极不利于自己的为人处世。

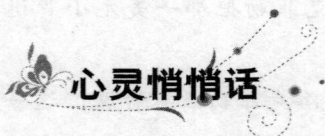

心灵悄悄话

生活中不幸之事无法逃避，更无法左右它的发生，但我们可以决定如何面对，那就是让错误和烦恼"到此为止"。所有的事物都处在不停的发展变化之中，智慧之人不同于常人之处就是他既能看到这些发展变化，又能承受和适应这种变化。

不以物喜，不以己悲

我们快乐或不快乐的，并不是环境本身，而是我们对环境的适应能力，是我们自己的感受。

《十二个以人力胜天的人》的作者，已故的威廉·波里索曾说过："人生中最重要的不是将收入当作资本，傻子都会这样做的。重要的是从损失中获益，这可是需要聪明的才智，也正是智者和傻瓜的区别。"他说这段话的时候，刚经历了一次火车事故，失去了一条腿。

人的一辈子不可能顺风顺水，总要有失利的时候。人生过程也就是得到与失去的过程，如果没有失也就无所谓得。所以，得与失是人生当中很正常的现象。

可是现实生活中，却有很多人不能正视得与失，他们常为一时的得而欣喜若狂，又为短暂的失而黯然心碎。其实大可不必，真正成熟的人是不会计较这些的。要知道，我们每个人最初来到这个世界上的时候，就是一无所有的，随着一天天的长大，我们才慢慢地获得了许多东西，如果因为某种原因我们又失去了它们，那也只不过是回到了从前，又有什么可悲伤的呢？人之所以会悲伤，就是因为把以前的得到看成了理所当然。所以要想活出一个有意义的人生，就不能仅仅习惯于得到，还要习惯于失去。**失去本身并没有问题，有问题的只是人的心理。**

失手打翻了一瓶牛奶，固然令人心里不是滋味，可是也无须为此哭泣。因为哭泣并不能让牛奶恢复原样，只不过让自己徒增伤心罢了。我们的痛苦并不是来自于失去，而是来自于我们的"不肯放手"。

的确，失去的已经失去了，又何必为此而伤怀不已呢？人生长路漫漫，总要有失去的时候。既然失去了，就不要再强求，毕竟有些失去是靠人为的力量不能扭转的，比如单位要裁员你不幸就在其中，市场的竞争断了你的致富之路，天灾人祸让你损失惨重，诸如此类明知道留也留不住的东西，又何必固执地要去得到呢？**失去就有失去的道理，我们只需要用一颗平淡的心来面对，让生命变得豁达和从容。**

　　生活中我们常说一句话："旧的不去新的不来。"也许此时的你失去了一份凄美的爱情，失去了一次高升的机会，又或许丢失了一笔钱财……总之，不管是哪一种情况，伤心和难过都是毫无意义的。与其为失去的工作伤心，不如振奋精神去找一份更好的；与其为与恋人说分手而痛不欲生，不如花点心思疗养自己的伤口然后寻找新的爱情；与其为丢失的钱财而心疼不已，不如考虑如何让自己赚更多的钱。要知道，历史不会为任何人停留或改写，既然已经成了事实，最好坦然地接受它。

　　生活中并不是人人都能理智地面对失去，人们之所以对"失去"不能释怀，也许正是验证了那一句话：失去了才知道珍惜。拥有的时候不觉得好，等到失去才猛然发现，原来失去的东西是一件稀世珍宝。于是一直沉浸在回忆里，懊恼不已，更无心进取。而一个真正懂得生活的人，不会去计较一时的得失，他们会在一次次的彷徨失意中重新站起来，不断修养自己的身心。只有这样的人，才能品尝到成功的喜悦，成为生活的强者。

　　失去的就让它过去，也许有的东西本不属于你，失去了是还给社会一个公道，说不定对自己也是一种解脱。如果太过留恋，也许你将失去更多。雪花飘飘很美，可是它终究要化为一无所有；百花争宠很美，可是它终究要枯萎凋谢；傍晚的夕阳很美，可是它终究要西下。这些失去是必然的，你能留得住吗？既然人人都无法抗拒，就该顺其自然走下去，又何必为此伤神呢？

　　我们常常为一些不令人注意、因而也是应当迅速忘掉的微不足道的小事所干扰而失去理智。**我们生活在这个世界上只有几十个年头，然而我们却为纠缠无聊琐事而白白浪费了许多宝贵的时光。**试问时过境迁，有谁还会对这些琐事感兴趣呢？不，我们不能这样生活。我们应当把我们的生命贡献给有价值的事业和崇高的感情。只有这种事业和感情才会为后人一代代继承下去。要知道，为小事而生气的人生命是短促的。

　　这儿有一个哈里·埃默生博士讲述的非常有趣的故事，一个有关森林之王胜败兴衰的故事。

在科罗拉多河畔的一个山坡上有一株死去的大树。据生物学家估计，这株大树屹立在那儿已有400多年历史了。当初哥伦布在圣萨尔瓦多登陆时它已存在。在漫长的岁月中，它曾先后遭受过14次雷电的袭击；四个多世纪以来无数次的雪崩和风暴它都傲然挺过了。它巍然耸立在山上，不曾畏惧过一切强暴，可是在一群很不起眼的昆虫的攻击下，它却倒下了！这些昆虫穿透它的树皮，蛀空它的树心，用它们微弱的、然而却不间断的进攻最终彻底瓦解了它的战斗力。一株参天的巨树，一株几百年来雷电劈不死、飓风刮不倒、任何东西摧毁不了的巨树，终于被一群小得可怜的、我们用手指头轻轻一压就会成烂泥的虫子征服了。

我们难道不也跟这株饱经风霜的森林之王一样吗？我们不也能经受住生活中各种风暴、雪崩、雷电的袭击，而却让忧郁"昆虫"影响我们的身心和情绪，而最终失却我们强壮的体魄吗？这些忧郁"昆虫"也都是用手指轻轻一压就会成为烂泥的区区小物啊。

即使像鲁迪埃德·基普林这样的非凡人物，有时也会忘记上述名言。因为他曾经向他的舅子起诉，造成了美国佛蒙特州历史上最有名的家庭不和案。曾有人专门对这个耸人听闻的案子著书立说，书名就叫《佛蒙特州基普林的家庭之争》。

事情的经过是这样的：

基普林跟佛蒙特州的一个名叫卡罗琳·巴勒斯蒂的姑娘结了婚。婚后，基普林便在该州的布拉特利博罗市修了一幢非常漂亮的房子，然后搬到那儿住下来度过他的垂暮之年。他的妻弟比特·巴勒斯蒂是他最要好的朋友，他俩工作休息都常在一块儿。

后来基普林买下了巴勒斯蒂的一块地皮，并互相说定：巴勒斯蒂有权收割这块地上的青草。可是有一天巴勒斯蒂看见基普林正把这块草地改建成花园，这可把他气炸了，当即出言不逊，骂将起来。基普林也不示弱，于是佛蒙特这块草地之争便结下了两个朋友之间的冤仇。

几天之后，基普林骑着一辆自行车在路上碰见了他的妻弟巴勒斯蒂。

后者坐在一辆双套马车上挡住了去路，硬要基普林下自行车让他过去。就因为这么一点小事，基普林丧失了理智，发誓要到法院去告他的妻弟。一场耸人听闻的案子就这样发生了。新闻记者们从各大城市向布拉特利博罗蜂拥而至。消息传遍全世界。基普林从这次官司中得到了什么呢？一无所获。相反，他还不得不按照法庭审判，他跟他的妻子一起永远离开他在美国的这幢住宅！就因为这么一点小事，就因为园子里的一些青草，带来了这许多怨恨和痛苦，这又何必呢？"要是你能保持内心的平静，而不管他如何有负于你就好了！"基普林不无遗憾道。

两千多年前的古雅典政治家伯里克利斯就曾说过："请注意啊，先生们，我们别太多地纠缠于小事了！"这一警言同样也适用于今天的人们。

凡是成功者，身上都没有多余的包袱，一般情况下，人身上的包袱多数是一种生活累赘，这种累赘有些是天生的，有些是人自己为自己加上去的，对于给自己加上去的包袱，他们看得很重要，岂不知，他们的事业或希望都因此受到了拖累。

生活中，有很大一部分人都陷在烦恼之中而不得安宁，甚至这些烦恼害得他们的生活不幸福，也是因为太想成功的缘故。

在前进的道路上，我们所做的每一件事情，都会有两道墙挡在我们的前方，一道是外在的墙，那是关于整个外部大环境的围墙；而另一道是我们内心所隐藏起来的墙，这就是心中因为太急于求成而产生的急躁和忧虑的杂念，一个人能否成功，关键要看其是否能够用坚强的意志去摒除杂念，抵达成功。

罗赛尔是国际著名的登山家，曾经常在没有携带氧气的情况之下，成功地登上海拔高达 6400 米以上的高峰，当然，这里还包括世界第二高峰——乔戈里峰。

其实，世界上的许多登山高手就是以不携带氧气瓶登上乔戈里峰为自己的第一目标。但是，几乎所有的登山高手只登到海拔 6000 米左右处，就无法继续前进了，因为这里的空气极为稀薄，人几乎会感到窒息。所以，对登山者来说，想要靠自身的体力与意志力独立去征服乔戈里峰峰顶，确实是一项极为严峻的考验。

淡定——动如流水静如玉

然而,罗赛尔却突破了种种障碍达到了目标。他在接受记者采访时,说出了自己在前进中历经的过程。

罗赛尔认为,在突破海拔6400米的登山过程中,他最大的障碍就是内心各种翻腾的欲念。因为,在攀爬的过程中,你头脑中的任何一个小小的欲念,都会松懈内心原本坚强的意念,转而变得渴望呼吸氧气,慢慢地让人失去征服的冲动与动力。继而,"缺氧"的念头就会产生,最终让人放弃征服的意志,接受失败!

罗赛尔说:"想要登上峰顶,首先要学会清除内心的各种欲念,要把成功看淡,你内心的欲望越多,你对氧气的需求就会越多。为此,在空气极度稀薄的状态之下,必须要排除一切的欲望与杂念!"

刻意追求的人,是很难抵达乔戈里峰之巅的。同样,**刻意追求成功,把成功看得很重的人,也是很难获得成功的**。因为过大过重的欲望同样是一种包袱,背上思想包袱的人同样是一种负担会影响成功的。生活中,这样的例子在大多数人身上都存在:台下准备得滚瓜烂熟的主持词,一上台却忘得一干二净;和客户签一份重要合同,到了会场才发现,一切准备齐全,只是忘带了合同文本;科学家即将完成一项研究了很多年的实验,却在最后一步的时候因为一个极小的错误,功亏一篑。

当然,这里我们并不是说要完全地消除欲望,因为欲望是一个人不断向前的主要动力,这里主要是说,在追求成功的道路上,我们要摒除一切杂念,坦然面对,不要让"目标"或者"成功"成为内心的一种负担,只有这样才能轻松前行,才能更容易获得成功。

心灵悄悄话

意外的损失是令人沮丧的,但如果沮丧并不能挽回我们的损失的话,那么,有沮丧的时间则不如接着去创造。我们生活在世上的光阴只有短短的几十年,尽管如此,我们还浪费了许多时间,为一些一年之内就可忘了的小事发狂,这是多么可怕的损失,人生短暂,别为小事再浪费了我们享受生活的时光。

眼下窘迫，笑着面对

生活就像剥洋葱，当我们在一片一片不停地剥开的过程中，会让我们辣得流泪。但我们要达到剥开它的目的，就必须忍耐这种流泪。

有一个发生在美国某所大学的故事，可能会给人们以启发：

在一堂哲学课上快下课的时候，老师给同学们出了这样一个"问题"。他让一个女学生到讲台上写下最难以割舍的20个人的名字。

女学生照做，这20个人的名字中有她的邻居、朋友和亲人等。

当女学生写完后，教授说："请你划掉一个这里面的人。"

女学生划掉了一个她邻居的名字。

教授说："请你再划掉一个。"

女学生又划掉了一个她的同学。

教授又一次说："请你再划掉一个。"

女学生就又划掉了一个。

最终，黑板上仅仅剩下4个人，有她的父母、丈夫和孩子。教室内非常平静，所有的同学已经感到，这确实是一道难题。

这位教授最后再次平静地说："请你再划掉两个。"

这位女生迟疑着，艰难地做着选择……她举起粉笔，划掉了父母的名字。

"请再划掉一个。"身边又一次传来了教授的声音。

这位女学生顿时惊呆了，用颤巍巍的手举起粉笔缓慢而坚决地又划掉了儿子的名字。紧接着，她就"哇"的一声哭了，样子非常痛苦。

教授等她平静下来以后，就问道："与你最亲近的人应该是你的父母和孩子，因为父母是养育你的人，孩子是你的亲生骨肉，而丈夫则是可以重新

淡定——动如流水静如玉

再找的，为何把丈夫作为你最难以割舍的人呢？"

女同学便平静地回答说："随着时间的推移，父母会先我们而去，孩子长大以后，肯定也会有自己的家庭，会离我而去，而真正陪伴我度过一生的只有我的丈夫。"

生活就有如此多的无奈，痛苦不可避免，一生中，总会有那些让我们无可奈何的事情让我们落泪、难过。为此，**我们要看淡人生路，笑对一切不幸际遇，糊涂处世，懂得尊重，学会放弃，珍惜人生，尽职尽责，这样才能让自己拥有和获得最完美的人生。**

尽管生活很窘迫，但也要笑着生活，淡然是一个人面对生活所把持的基调，它决定着你在生活中是忙忙碌碌、惊慌失措，还是悠闲自得、怡然自乐。

要说在生活中不管遇到多么大的变故和困难，仍能保持淡然生活姿态的人，没有超过犹太人的。

有着数千年文明的犹太民族，经过两千多年的流离失所，屡遭屠戮。他们没有国家、没有政府，在世界各地流浪，没有任何人保证他们的安全。然而，就是这样一个民族，却让世界刮目相看。在流散两千多年后，他们竟在这样的环境中复兴故国，让荒漠变成绿洲，他们的农业、教育、科技和军事都很发达。这样的一个民族，让世界都为之震惊。他们经历了无数次的痛苦和磨难，通过自己的智慧化解这种悲伤，通过自己特有的幽默驱散数千年来面临的痛苦。即使是面对颠沛流离、居无定所的日子，他们依然靠着幽默顽强地生存了下来。

有一对犹太老夫妻，他们很穷，有时还挨饿。在一次断粮时，老头对妻子说："老伴，咱们给上帝写封信吧！"于是他们写了信，求上帝帮忙。还签了名，写了地址，封好。"我们怎样才能把这封信寄到上帝那里去呢？"老伴不放心地问。

"上帝无所不在。"老头答道，"我们的信无论用什么方法寄，他都一定能收到。"于是他走出门去，把信一扔，看着信被风吹走了，他也进屋了。

这封随风飘荡的信落到了一位富人的手里，他好奇地捡起信，被信里老夫妇的虔诚和天真给打动了,富人非常同情他们,并决定帮助他们。于是,他按照信上的地址,敲开了老夫妻的门。"约瑟先生住在这里吗?"他问道。

"我就是,"老头答道。富人对他说:"几分钟之前上帝收到你的信,我是他在美国的使者,他叫我给你送来100美元,聊补一下生活。"

"你瞧怎么样?"老头高兴地大声说,"上帝收到我们的信了!"

老夫妇收下了钱,对上帝的使者千恩万谢。但当那位先生走后,老头满腹狐疑。妻子问他怎么了,老头幽默地说:"那个代理人看上去一点也不诚实,他可能同我们耍了滑头。很可能上帝给了他200美元,可他却留了一半做佣金。"

当然,老头不是真的在怀疑富人,这只是一个调侃而已。

人富有未必就开心,贫穷未必就苦闷。生活中要充满笑声和欢乐,这才是明智的人生。俗话说:"笑一笑,十年少。"意思就是让我们对生活充满激情,尽情享受生活的每一天。

面对痛苦,不要一味地回避和躲让。因为有了痛苦,人生才变得多姿多彩,意志才变得坚忍不拔,思维才变得成熟敏捷。学会迎接痛苦、医治痛苦、化解痛苦,将痛苦看作一种锻炼。它是走向幸福生活的开始。

有这样一个故事:一位母亲因为她的儿子总是愁眉苦脸,于是在每天早上吃早餐时,就说一个笑话给儿子听,让儿子能高高兴兴地去上学。几个月后,她发现儿子的学习成绩有明显进步,于是她就更注意快乐心情对一个人的影响,也借机使自己的每一天都过得更充实幸福。事实上,幸福无所不在,"保持高度的幽默感"是关键之一。"天才老爹"比尔·寇斯比曾说:"你可以把所有的痛苦都用笑声来替代。只要能在任何事物上发现它们的幽默之处,那么所有的困难就都能克服了。"

痛苦与快乐永远是相辅相成的,当面对痛苦时,要用快乐的心态去对待它。应该这样想:正因为有了痛苦,快乐才如此让人记忆深刻,它让生活多了一种味道,让我们更珍惜幸福。

一个拥有幸福感的人,无论走到哪儿,都会觉得自己幸福自得。要想成为一个幸福的人,必须先敞开自己的心扉。

淡定——动如流水静如玉

亚伯拉罕·林肯曾经说过："我一直认为，如果一个人决心想获得某种幸福，那么他就能得到这种幸福。"俗话说得好，相由心生，境由心转，选择幸福才会感到幸福。如果整天沉溺在自己悲伤的情绪中，什么时候也发现不了快乐。相反，如果在生活中随处收集点点滴滴的快乐，自然而然的自己眉宇间就会散发出光彩。

淡然处世的人总能看到事物光明的一面，他们懂得如何化解痛苦。所以，他们总是处处受到欢迎。快乐者，即使处于人生的低谷，仍信心百倍。淡然者生活从容，宁静自我，感染他人。

俗语说得好："幸福的心灵就像良药一样易使病人康复。"把痛苦紧紧地抱在怀里，会使一个人最终被痛苦淹没。"把生活看得太严肃，还有什么价值呢？"歌德曾经说过，"如果早上醒来我们没有感受到新的喜悦，如果夜晚降临没有赋予我们对新的幸福的期望，那么每天的睡觉和醒来还有什么价值呢？今天的阳光照耀在我身上，我应该去认真地感受生活。"

淡然是生活的基调，是人生中最安逸的状态。无论遭遇到什么困难，只要不顾一切地拥抱生活、寻求快乐，就能从痛苦中得到解脱。也只有乐观向上的人，才能理解和享受生活；只有经历痛苦并用快乐代替痛苦的人，才能真正了解生命、热爱生活、快乐生活。这才是自己幸福生活的根源。

心灵悄悄话

生活就有如此多的无奈，痛苦不可避免，一生中，总会有那些无可奈何的事情让我们落泪、难过。为此，我们要看淡人生路，笑对一切不幸际遇，糊涂处世，懂得尊重，学会放弃，珍惜人生，尽职尽责，这样才能让自己拥有和获得最完美的人生。

无谓忙碌，浪费时光

现代社会竞争日益激烈，生活节奏变得越来越快，这是个事实，但它是不是就让每个人的生活越来越压抑，越来越没有自己的空间呢？对于有些人是，但对淡定生活的人来说则不是。

有些人终日被工作日程表束缚，上面记满了他们每天必须要做的事，它占据了我们生活的中心，而在稍微的放松时，又被电视、电影、电脑游戏、健身场所、娱乐中心所淹没，这看似忙碌的下面也掩盖了现代人害怕无聊寂寞的事实，我们几乎没有了独立思考的时间，我们再也不给心情放假了。

适当放弃，也是对捆绑自己的背包的一次清理，丢掉那些不值得我们带走的包袱，拿走拖累我们的行李，我们才可以简单轻松地走自己的路，人生的旅行才会更加愉快。

闲暇之余，我们不妨拿出一张纸来，列一个表，把自己自制的娱乐方式和娱乐项目列出来。想想野炊或野营，自制个轮船模型，锻炼一下身体或种点花草，甚至读书、画画、写文章都挺有趣的。我们也许会感到这些娱乐游戏和活动较实惠，而且它同样会让我们每一个人都感到开心。

摒弃那些多余的东西，不要让自己迷失方向，贪婪地占有只会占用大量的时间和精力，而这些时间和精力本来可用于我们真正希望去做的事情上。

伟大的哲学家尼采曾经说："所有的伟大思想都是在散步中产生的。"生活中一些不起眼的行为就能让你感到轻松舒适，散步就是其中最好、最简单，也是最廉价的一种。

适当的时候，我们要舍弃一些无谓的忙碌，给自己的心情放个假。当你面对工作的负荷，再也无力应战的时候，当你遇到烦心事，思绪混乱的时候，不妨给自己一点独立安静的环境，不妨去公园逛逛，欣赏姹紫嫣红的美

淡定——动如流水静如玉

景,游人灿烂的笑脸胜似晴空,如茵的绿草地上,嬉戏的顽童一脚把足球踢上天空,这一切将你的心中充满丝丝绿意,拥有一个好心情。这时你会突然发现:天是那么湛蓝,云也分外洁白,这个世界也真的好美丽,而这时你也会拥有一份好心情! 你不妨撑起一把小花伞在雨中漫步,在青石板小巷里欣赏雨中美景,那细雨会把你的坏心情洗得一尘不染……

生活赋予我们什么,我们就坦然接受什么!

世界上没有人会无缘无故地去主动承受厄运,但厄运漫无目标非要降临的时候,不管降临到谁的头上都是合理的。

有这样一个故事:有个小男孩因为烫伤在背上留下了两块伤疤,在一次洗澡的时候被幼儿园的小朋友发现了,大家纷纷把他当作一个怪物。幼儿园的老师告诉小朋友,每个孩子在出生之前都是一个有着翅膀的小天使,他们降临到人间的时候需要褪掉自己的翅膀,有的小孩子太着急了,不等翅膀褪干净便来到了人间,背上也就留下了伤疤。听到了这个故事,小朋友都对小男孩的伤疤非常羡慕,小男孩也因为自己背上有伤疤而欢欣雀跃。

故事很简单,但是却能告诉我们一个道理:**面对自己的缺憾,不如给它编织一个动人的童话,你的缺憾也会因为这个童话而可爱起来。**

一般情况下,人们会极力掩饰自己的缺憾,这样做反而会欲盖弥彰。其实无论一个人有多完美,都会有微小的瑕疵。不要刻意掩饰自己的缺陷,你会因为真实而受到人们的喜欢。

我们通常能很勇敢地面对生活中那些大的危机,可是,却被芝麻小事搞得垂头丧气。就像森林中的那棵身经百战的大树,经历生命中无数狂风暴雨和闪电的打击,但都撑过来了。可是我们的心却会被忧虑的小甲虫——那些用大拇指跟食指就可以捏死的小甲虫所吞噬。

所以,我们应该认识到,**生命太短了,我们不能被小事绊住前进的脚步。**

一位父亲在教他 5 岁的儿子使用剪草机,父子俩正剪得高兴,有人给父亲打电话,于是他进屋去接电话。等父亲接完电话出来时,却发现儿子把剪草机推上了郁金香花圃,把他心爱的郁金香剪得乱七八糟。

父亲当即暴跳如雷,扬起手就要打儿子。正在这时母亲走出来了,她看了看满目狼藉的花园,然后温柔地对丈夫说:"喂,我们现在人生最大的幸福是养孩子,不是养郁金香。"

三秒钟后,父亲放下了手,恢复了平静。

没错,我们要抓住的是生命中最重要的东西,而不是生活的细枝末节。**过去或成功或失败,快乐或伤痛,都属于过去,留在昨天的阴影中不肯走出就永远看不到前面的阳光。**我们不该在一日之初、黎明升起之时还背负着昨日的伤痛,记忆是痛苦的根源。**过去的一切都让它随风而逝吧,不要让昨天的伤痛令自己痛悔一生。**

我们口口声声地说要向成功的方向迈进,但是在通往成功的道路上,真正阻碍我们前行的却不是环境的险恶和道路的坎坷,更不是"上天"的故意捉弄,而是不断寻找借口为自己开脱。懒惰的人会为自己的拖延和无所作为寻找借口来加以掩饰,伪善者会为自己的恶行寻找美丽的谎言来进行遮掩,懦弱的人会抱怨"老天"善待众生而唯独不眷顾自己,最终,这些人在自己编织的种种借口之中亲自葬送了到手的成功机会,可以说他们亲自为自己的失败挖好了坟墓。

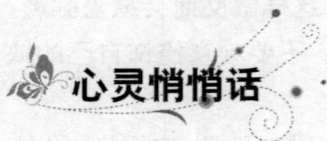

心灵悄悄话

怎样的生活才是理性的生活呢? 就是该忙碌的事忙碌,不该忙碌的事就不忙碌,或者是干脆就舍掉。在小事上浪费时间最可惜,有的人对时间采取毫不在乎的态度,对时间的利用敷衍了事,这是多么可怕的损失。